ÉTUDES

SUR

LES MOUVEMENTS DE L'ATMOSPHÈRE

PAR

C. M. Guldberg,
Professeur de mathématiques appliquées à l'Université Royale de Norvège.

et

H. Mohn,
Professeur de météorologie à l'Université Royale de Norvège,
Directeur de l'Institut météorologique.

PREMIÈRE PARTIE.

Programme de l'Université pour le 2ᵉ Semestre 1876.

CHRISTIANIA.

IMPRIMERIE DE A. W. BRØGGER.

1876.

Institutions scientifiques et littéraires de la Norvège.

Académies, Sociétés, Musées, Bureaux, etc.

I. Université Royale Frédéricienne de Norvège à Christiania.
Det Kongl. Norske Frederiks Universitet i Christiania (fondée en 1811).
Le personnel de l'Université se compose de 40 professeurs, 1 secrétaire, 1 bibliothécaire et 1 trésorier. Toutes les communications littéraires internationales de la Norvège se font par l'intermédiaire de l'Université.

II. Société Royale des sciences de Norvège à Trondhjem.
Det Kongl. Norske Videnskabers Selskab i Trondhjem (fondée en 1760).
Cette société est la première institution savante établie en Norvège. Outre les membres norvégiens, la société compte environ 70 membres étrangers.

III. Société des sciences à Christiania
Videnskabs-Selskabet i Christiania (fondée en 1857).

IV. Musée de la ville de Bergen.
Det Bergenske Museum (fondé en 1825).

V. Musée de la ville d'Arendal.
Arendals Museum (fondé en 1832)

VI. Musée de la ville de Tromsø.
Tromsø Museum (fondé en 1870).

VII. Société pour la conservation des antiquités de la Norvège, à Christiania.
Foreningen til Norske Fortidsmindesmærkers Bevaring, i Christiania (fondée en 1844).
Cette société a des succursales à Trondhjem et à Bergen.

VIII. Société pour la publication des anciennes sagas de Norvège, à Christiania.
Det Norske Oldskrift-Selskab i Christiania (fondée en 1861).

IX. Société pour l'histoire de la Norvège.
Den norske historiske Forening. (Fondée en 1870.)

X. Société médicale de Norvège à Christiania.
Det medicinske Selskab i Christiania (fondée en 1833).

XI. Société pour l'instruction du peuple, à Christiania.
Selskabet for Folkeoplysningens Fremme, i Christiania (fondée en 1852).
Cette société compte environ 4,000 membres.

XII. Société théologique de Christiania.
Christiania theologiske Forening (fondée en 1878)

XIII. Société Royale pour le progrès et la prospérité de la Norvège, à Christiania.
Det Kongl. Selskab for Norges Vel, i Christiania (fondée en 1809).
Cette société a pour but principal le progrès et l'amélioration de l'agriculture et de l'industrie.

XIV. Société des Missions de Norvège, à Stavanger.
Det Norske Missionsselskab, i Stavanger (fondée en 1842).

XV. Société polytechnique de Christiania.
Den polytechniske Forening, i Christiania (fondée en 1852).

XVI. Société militaire de Christiania.
Det militaire Samfund i Christiania (fondée 1825).

XVII. Société des avocats norvégiens à Christiania.
Den norske Sagfører-Forening i Christiania (fondée en 1861).

XVIII. Association des touristes norvégiens à Christiania.
Den norske Tourist-Forening i Christiania (fondée en 1868.)

XIX. Archives du Royaume de Norvège à Christiania.
Det Kongl. Norske Rigsarchiv, i Christiania (sous le ministère de l'instruction publique).

XX. Bureau central de Statistique de Norvège à Christiania.
Det Kongl. Norske Statistiske Central-Bureau i Christiania (sous le ministère de l'intérieur).

XXI. Bureau topographique de Norvège à Christiania.
Norges geografiske Opmaaling i Christiania (sous le ministère de l'intérieur).

XXII. Direction des recherches géologiques en Norvège, à Christiania.
Directionen for Norges geologiske Undersøgelser, i Christiania (sous le ministère de l'intérieur).

XXIII. Institut météorologique de Norvège à Christiania.
Det norske meteorologiske Institut i Christiania (sous l'Université de Christiania.)

Bibliothèques, Observatoires, Athénées etc.

I. Bibliothèque de l'Université de Norvège à Christiania.
Cette bibliothèque, la plus importante du pays, compte environ 200,000 vol.

II. Bibliothèque de Deichman à Christiania.
Fondée en 1780, la plus ancienne de la ville de Christiania

III. Bibliothèque de la Société Royale des sciences à Trondhjem.

IV. Bibliothèque du musée de la ville de Bergen.

V. Bibliothèque du musée d'Arendal

VI. Bibliothèque du musée de la ville de Tromsø.
(fondé en 1870).

ÉTUDES

SUR

LES MOUVEMENTS DE L'ATMOSPHÈRE

PAR

C. M. Guldberg,   et   **H. Mohn,**

Professeur de mathématiques appliquées à l'Université Royale de Norvège.

Professeur de météorologie à l'Université Royale de Norvège,
Directeur de l'Institut météorologique.

PREMIÈRE PARTIE.

Programme de l'Université pour le 2e Semestre 1876.

CHRISTIANIA.

IMPRIMERIE DE A. W. BRØGGER.

1876.

Préface.

Les phénomènes météorologiques étant très-compliqués, on ne saurait en aborder l'étude mathématique qu'en traitant des cas simples qui sont analogues à ceux de la nature. L'équilibre et le mouvement de l'air forment une partie très peu développée encore de la mécanique des fluides, parcequ'il existe trop peu d'observations pour la vérification des calculs numériques. Encouragés par les beaux résultats obtenus par MM. Pesline, Reye, Colding, Ferrel et Hann dans cette nouvelle application de l'analyse à la météorologie, nous avons appliqué les principes de la mécanique aux mouvements de l'atmosphère, et nous sommes arrivés à des résultats que nous ne croyons pas sans importance pour le développement de la science météorologique. D'abord nous avons trouvé qu'une des premieres choses à faire pour assurer le succès de la météorologie c'est la création de stations météorologiques dans la hauteur: soit sur les montagnes soit en ballons, et munies, s'il est possible, d'instruments enregistreurs.

Les vents ou les courants d'air horizontaux à la surface de la terre sont intimement liés aux courants verticaux; mais la naissance et lo déplacement de ces derniers dépendent non seulement de l'ètat physique de l'air à la surface de la terre, mais aussi de l'état physique de l'air des couches supérieures. En outre la vitesse du vent et sa direction sont toutes deux éminemment soumises à l'influence de la surface de la terre, pendant que leurs valeurs à une certaine hauteur présenteraient probablement la régularité qu'on doit obtenir pour pouvoir prédire la marche des phénomènes météorologiques.

Nous présentons ici la première partie de nos études où nous avons traité quelques cas simples de la mécanique de l'atmosphère. En traitant l'équilibre de l'atmosphère nous avons introduit la température *virtuelle* qui est identique à la température absolue pour l'air sec, mais qui dépend de la quantité de vapeurs d'eau pour l'air humide; l'introduction de cette grandeur simplifiera les formules. Nous avons calculé l'action des vapeurs d'eau dans l'atmosphère en ayant égard à la variation de la chaleur latente avec la température qu'on a négligée dans les formules usuelles.

En étudiant les courants horizontaux dans des hypothèses simples, nous avons introduit le frottement suivant la surface de la terre, et nous avons appliqué la théorie aux vents passaut l'équateur et aux tourbillons [1]). Les calculs numériques (voir planches I, II, III, et IV) sont d'accord avec les phénomenùs de la nature dans les limites qu'on peut espérer avec les hypothèses établies. Il s'ensuit que l'observation exacte de la vitesse du vent sera d'une grande importance pour la météorologie.

Enfin nous avons aussi traité les courants verticaux dans un cas spécial pour montrer l'importance des observations météorologiques dans la hauteur.

Nous espérons que les résultats tirés de la mécanique de l'atmosphère démontreront la nécessité d'observations météorologiques plus étendues surtout dans les régions tropiques et dans les couches élevées de l'atmosphère, et que la vraie voie des progrès de la météorologie est fondée sur le développement de la mécanique de l'atmosphère.

---

[1]) M. C. M. Guldberg a déjà, en 1872, développé une partie de cette théorie dans le journal polytechnique norvégien. (Polyteknisk Tidsskrift, 1872, pag. 73).

Chapitre Premier.

De l'atmosphère.

§ 1. Pression. Température virtuelle.

En étudiant l'équilibre et les mouvements de l'atmosphère il suffit de regarder l'air comme un mélange d'air sec et de vapeurs d'eau. Les autres gaz formant les éléments de l'atmosphère, dont l'acide carbonique est le plus important, ne s'y trouvent qu'en quantité assez petite pour qu'on puisse en négliger l'action.

La quantité de vapeur d'eau dans l'atmosphère est assez petite pour qu'on puisse admettre la loi de Mariotte et de Gay-Lussac pour l'air humide entre les intervalles de température qui se présentent sur la terre. Cependant il faut avoir égard aux cas où les vapeurs se condensent et passent à l'état liquide ou à l'état solide.

Désignons par

p la pression en kilogrammes par mètre carré,

ρ la densité ou la masse d'un metre cube,

τ la température en degrés centigrades,

la loi de Mariotte et de Gay-Lussac s'écrit par un kilogramme de gaz:

$$p = a\,\rho\,(273 + \tau) \tag{1}$$

$273 + \tau$ étant la température absolue.

Ici a désigne une constante qui dépend de la nature du gaz; pour l'air sec on a

$$a = 287.09$$

En appliquant cette loi à un mélange contenant $1-q$ kilogrammes d'air sec et q kilogrammes de vapeur d'eau, on trouvera en désignant la tension de la vapeur d'eau par f et sa densité relative par $\dfrac{1}{\varepsilon}$

$$p-f = a\,(1-q)\,\rho\,(273 + \tau)).$$
$$f = \varepsilon\,a\,q\,\rho\,(273 + \tau).$$
$$p = a\,(1 + (\varepsilon-1)\,q)\,\rho\,(273 + \tau). \tag{2}$$
$$\frac{f}{p} = \frac{\varepsilon\,q}{1 + (\varepsilon-1)\,q} \tag{3}$$

6

$$q = \frac{\dfrac{1}{\varepsilon} \cdot \dfrac{f}{p}}{1 - \dfrac{\varepsilon - 1}{\varepsilon} \cdot \dfrac{f}{p}} \qquad (4)$$

En substituant cette valeur de q dans l'équation (2) et en posant

$$T = \frac{273 + \tau}{1 - \dfrac{\varepsilon - 1}{\varepsilon} \cdot \dfrac{f}{p}} \qquad (5)$$

on aura pour l'air humide

$$p = a \cdot \rho \, T \qquad (6)$$

Nous appelons la grandeur T *la température virtuelle*; pour l'air sec la température virtuelle est égale à la température absolue.

Si l'on regarde un mélange qui contient 1 kilogramme d'air sec et x kilogrammes de vapeur d'eau, on aura

$$x = \frac{q}{1 - q} = \frac{1}{\varepsilon} \frac{f}{p - f} \cdots \qquad (7)$$

$$\frac{f}{p} = \frac{\varepsilon x}{1 + \varepsilon x} \qquad (8)$$

Applications.

On a $\dfrac{1}{\varepsilon} = 0.623$, $\dfrac{\varepsilon - 1}{\varepsilon} = 0.377$

L'air à 760^{mm}

Température C	Tension de la vapeur d'eau.	T	x
— 30°	0.386^{mm}	243.05	0.000317
— 20	0.927	253.12	0.000761
— 10	2.093	263.27	0.001720
0	4.600	273.62	0.003794
10	9.165	284.30	0.007605
20	17.391	295.55	0.014590
30	31.548	307.81	0.026981

§ 2. Hauteur de l'atmosphère. Pression moyenne.

On peut établir deux hypothèses sur la hauteur de l'atmosphère. On peut supposer que l'atmosphère est limitée; en ce cas la température de la dernière couche doit nécessairement être le zéro absolu, car à cette température la tension d'un gaz est égale à zéro. L'autre hypothèse est que l'atmosphère s'étend sans limite dans l'espace et que l'espace est rempli d'un gaz dont la tension est extrêmement faible. Pour la météorologie peu importe l'hypothèse qu'on choisit, parce que dans les deux cas la tension de l'air à des hauteurs assez grandes sera insensible. Soit 760^{mm} la pression à la surface de la terre et soit la température de l'atmosphère constante et égale à zéro, on trouvera la pression à la hauteur de 200000 mètres égale à 0^{mm}.00000001.

Pourvu que l'atmosphère ne contienne pas de vapeurs d'eau, sa masse sera invariable; si l'on suppose encore que la pesanteur ne varie pas avec la hauteur, le poids de cette masse sera constant, et en calculant la pression moyenne sur la surface totale de la terre, elle restera toujours la même. En considérant la présence des vapeurs d'eau dont la quantité varie de temps en temps, on verra que la masse de l'atmosphère ne reste pas constante et que, par conséquent, la pression moyenne varie avec les saisons.

Nous avons supposé que la pesanteur est constante. En vérité elle varie avec la hauteur et par conséquent la pression de l'atmosphère dépend de la loi sur la distribution de la masse suivant la hauteur. Cette distribution est une fonction de la température, et même la pression d'une atmosphère sèche variera avec la température de manière que la pression diminuera à mesure que la température augmente. Cependant la variation de la pesanteur dans les couches atmosphériques peu élevées est assez faible pour qu'on puisse en négliger l'action dans la météorologie.

§ 3. Température de l'atmosphère.

La température dépend de plusieurs grandeurs et on n'a pas encore trouvé la fonction qui exprime la température par les coordonnés du point et par le temps. La chaleur du soleil et de l'espace, l'absorption de la terre et de l'espace, le rayonnement, la conductibilité et le mouvement de l'air, toutes ces grandeurs agissent sur la température. Jusqu'ici on a cherché à déterminer la température à la surface de la terre comme une fonction du temps. Nous allons voir que la variation de la température avec la hauteur est de la plus grande importance pour la météorologie. Les observations de ce phénomène ne sont pas nombreuses et ne semblent pas soumises à des lois simples. Mais on ne peut pas s'attendre à ce que les couches peu élevées où l'action du soleil est le plus énergique, donnent des variations égales, tandis qu'il est bien probable que, dans les couches assez élevées, la variation est très-faible et que, quelle que soit la température à la surface de la terre, on arrivera toujours à une certaine hauteur à la même température, qui présentera cependant une légère oscillation.

Nous allons appliquer des formules d'approximation. L'hypothèse la plus simple est que la température décroît proportionnellement à la hauteur: alors on a

$$\tau = \tau_0 - \alpha z$$

où z est la hauteur, α une constante et τ_0 la température à la surface de la terre. Dans plusieurs problèmes il sera plus commode d'introduire la température virtuelle et poser

$$T = T_0 - \alpha z.$$

Ces deux formules ne s'appliquent qu'aux petites hauteurs; si l'on veut calculer la variation de la température pour les hauteurs plus grandes, on peut diviser la distance en couches et appliquer la formule à chaque couche avec des valeurs différentes de α.

§ 4. Variation de la pression avec la hauteur.

D'après la théorie de l'equilibre des fluides l'accroissement de la pression par unité de longueur est égal à la force qui agit sur l'unité de volume. Désignons par g la force de la pesanteur par unité de masse et par z la hauteur, on aura:

$$\frac{dp}{dz} = -g\varrho. \tag{1}$$

En introduisant la valeur de ϱ donnée par l'éqation (6) du § 1, on aura

$$\frac{dp}{p} = -\frac{g\,dz}{\alpha T}. \tag{2}$$

1^0 *La température virtuelle reste constante.*

Dans ce cas on trouvera par intégration et en désignant par p_0 la pression à la surface de la terre:

$$p = p_0 e^{-\frac{gz}{T\alpha}} \tag{3}$$

où e est la base du système des logarithmes Népériens.

2^0 *La température virtuelle décroît proportionnellement à la hauteur.*

En introduisant $T = T_0 - \alpha z$ dans l'équation (2) on trouvera, en posant $m = \frac{g}{\alpha\alpha}$

$$\frac{p}{p_0} = \left(\frac{T}{T_0}\right)^m \tag{4}$$

$$\frac{p}{p_0} = \left(1 - \frac{gz}{\alpha m T_0}\right)^m \tag{5}$$

Quant à la variation de la pression de la vapeur d'eau on peut établir des hypothèses différentes. Nous ne regardons que la formule suivante

$$\frac{f}{f_0} = \left(\frac{p}{p_0}\right)^\beta \tag{6}$$

où β est une constante qui dépend des circonstances. Connaissant p et f on trouvera la température τ par la formule (5) du § 1 savoir:

$$\tau = T\left(1 - \frac{\varepsilon - 1}{\varepsilon}\cdot\frac{f}{p}\right) - 273. \tag{7}$$

Applications.

	$m =$	3.5	5	10
Variation de la température pour 100^m		$0^0.976$	$0^0.683$	$0^0.342$
Hauteur pour une variation de 1^0		102.4^m	146.3^m	292.7^m

$z =$	1000^m	4000^m	10000^m	20000^m
		$T_0 = 273$	$m = 3.5$	
$\frac{p}{p_0} =$	0.88038	0.58259	0.21250	0.01233

$$T_0 = 273 \qquad m = 5$$

$$\frac{p}{p_0} = 0.88094 \qquad 0.59013 \qquad 0.23681 \qquad 0.03106$$

$$T_0 = 273 \qquad m = 10$$

$$\frac{p}{p_0} = 0.88166 \qquad 0.59841 \qquad 0.26266 \qquad 0.05609$$

M. le Dr. *J. Hann* a publié une série d'observations sur la tension des vapeurs d'eau à des hauteurs différentes (voir le Zeitschrift der Oesterreichischen Gesellschaft für Meteorologie 1874, page 195). En appliquant dans ce cas la formule (6) nous posons $\tau_0 = 20^0$, $f_0 = 10^{\text{mm}}$, $m = 10$ et $\beta = 3$. Les valeurs de $\frac{f}{f_0}$ calculées par ces constantes se trouvent dans la 3e colonne. En posant $T = $ constante $= 273$ et $\beta = 3$ on trouve les valeurs inscrites dans la 4e colonne. Les valeurs observées se trouvent dans la 2e colonne horizontale.

Hauteur. Pieds anglais	1000	4000	8000	12000	16000	20000	24000	28000
$\frac{f}{f_0}$ observé	0.87	0.64	0.42	0.27	0.18	0.13	—	—
$\frac{f}{f_0}$ calculé	0.90	0.65	0.42	0.27	0.17	0.11	0.07	0.04
$\frac{f}{f_0}$ calculé	0.89	0.63	0.40	0.25	0.16	0.10	0.06	0.04

§ 5. Dilatation et contraction de l'air.

La pression et la température d'une masse d'air qui éprouve des transformations quelconques dépendent de la quantité de chaleur qu'elle a absorbée ou dégagée. Nous allons d'abord considérer le cas où l'air éprouve une suite de transformations *sans absorber ni dégager de chaleur* à aucun moment. L'équation entre la pression et le volume représente une ligne qu'on appelle ligne *adiabatique*. Pour la météorologie il convient de chercher l'équation entre la pression et la température. Il faut distinguer entre plusieurs cas. L'air peut être sec ou humide, et les vapeurs d'eau peuvent rester sans condensation ou passer à l'état liquide ou à l'état solide.

En désignant par U l'énergie intérieure d'un mélange, par V son volume et par A l'équivalent mécanique de la chaleur, on a

$$o = dU + Ap\,dV. \tag{1}$$

1^0 *Air sec.*

En appliquant l'équation (1) à l'air sec on trouvera d'après la théorie mécanique de la chaleur

$$\frac{p}{p_0} = \left(\frac{273 + \tau}{273 + \tau_0}\right)^m \qquad (2)$$

$$m = \frac{cg}{Aa} \qquad (3)$$

Ici c désigne la chaleur spécifique à pression constante et on a

$$m = 3.441.$$

2^0 *Air humide sans condensation.*

En supposant qu'on ait un kilogramme d'air sec et x kilogrammes de vapeur d'eau, on trouvera

$$m = 3.441 \left(\frac{1 + 2.023\,x}{1 + \varepsilon x}\right) \qquad (4)$$

Ici 2.023 est le rapport entre la chaleur spécifique de la vapeur d'eau et celle de l'air sec.

Ces formules ne s'appliquent qu'autant que l'air n'est pas saturé de vapeur d'eau. Au moment où l'air se sature, l'abaissement de la température est accompagné d'une condensation de vapeurs et il faut distinguer entre trois cas. Nous admettons que les vapeurs condensées restent suspendues dans la masse d'air qu'on regarde.

3^0 *Les vapeurs d'eau se transforment partiellement en eau.*

Nous regardons un mélange contenant 1 kilogramme d'air sec, x kilogrammes de vapeur d'eau et y kilogrammes d'eau. En désignant par U', U'' et U''' les énergies de l'air sec, de la vapeur d'eau et de l'eau, on a l'énergie du mélange

$$U = U' + x\,U'' + y\,U'''.$$

La somme de x et de y reste constante et en posant

$$x + y = \xi$$

on trouvera

$$dU = dU' + \xi\,dU''' + d(x(U'' - U''')).$$

En désignant par v' et v'' les volumes spécifiques de l'air sec et de la vapeur d'eau et en négligeant le volume de l'eau, on a le volume du mélange

$$V = v' + xv''.$$

On peut donc écrire

$$p\,dV = (p - f)\,dv' + f\,d(xv'').$$

En désignant la chaleur latente de vaporisation par l, et par c et c' les chaleurs spécifiques de l'air sec et de l'eau, on a approximativement, savoir en négligeant le volume d'eau:

$$l = (U'' - U''') + Afv''$$

$$(273 + \tau)\,d\left[\frac{xl}{273 + \tau}\right] = d\left[x(U'' - U''')\right] + Afd(xv'').$$

$$c\,d\tau = dU' + \frac{Aa}{g}\,d\tau$$

$$c'\,d\tau = dU'''$$

$$(p - f)v' = \frac{a}{g}\,(273 + \tau)$$

$$l = 606.5 - 0.696\,\tau$$

En substituant les valeurs de dU et de pdV dans l'équation (1) et en introduisant les valeurs données par les équations citées, on trouvera

$$o = c\,d\tau + \xi c'\,d\tau + (273 + \tau)\,d\left(\frac{x\,l}{273 + \tau}\right) - \frac{A\,a}{g}\,(273 + \tau)\,\frac{d\,(p - f)}{p - f} \tag{5}$$

En désignant les valeurs initiales par l'index o, on aura par intégration et en introduisant des valeurs numériques

$$\log\left(\frac{p_0 - f_0}{p - f}\right) = 3.441\,[1 + 4.210\,\xi]\,\log.\left[\frac{273 + \tau_0}{273 + \tau}\right] + 6.291\left[\frac{x_0\,l_0}{273 + \tau_0} - \frac{x\,l}{273 + \tau}\right] \tag{6}$$

D'après l'équation (7) du § 1 on a

$$x = \frac{1}{\varepsilon}\,\frac{f}{p - f} \tag{7}$$

Les équations (5) et (6) s'appliquent en général, tant que la température reste au-dessus de zéro. La température étant à zéro l'eau se transforme en glace. Cependant on peut s'imaginer la possibilité que les vapeurs d'eau se transforment en eau aux températures au-dessous de zéro. Nous connaissons ce phénomène dans la physique, ce n'est pas l'eau seulement, mais plusieurs sels qui présentent le phénomène de sursaturation. Ce passage de l'état de vapeur à l'état liquide aux températures au-dessous du point de congélation appartient à un état d'équilibre qui est instable et l'intervention d'un cristal fait subitement passer toute la masse à l'état solide. Il est probable que cet état d'équilibre instable est intimement lié à la formation de la grêle. Dans les cas ordinaires la congélation commence à zéro et nous allons regarder le passage de l'état liquide à l'état solide à zéro.

4° *Congélation à 0°.*

Pendant cette période la température reste constante, l'eau se transforme pour la plupart en glace, mais une partie de l'eau se vaporise parce qu'une diminution de la pression produite par la dilatation demande une plus grande quantité de vapeur d'eau pour la même tension d'après l'équation (7) du § 1.

Nous allons considérer un mélange contenant 1 kilogramme d'air sec, x kilogrammes de vapeur d'eau, y kilogrammes d'eau et z kilogrammes de glace. La somme $x + y + z$ reste constante et nous posons

$$x + y + z = \xi$$

En désignant par U'''' l'énergie de la glace et par L la chaleur de fusion de la glace, on a

$$U = U' + x\,U'' + y\,U''' + z\,U''''$$
$$= U' + \xi\,U'' + x\,(U'' - U''') - z\,(U''' - U'''').$$

La température restant constante, on a

$$dU = (U'' - U''')\,dx - (U''' - U'''')\,dz$$

On peut négliger les volumes d'eau et de glace et poser

$$V = x\,v''$$
$$p\,dV = (p - f)\,v''\,dx + f\,v''\,dx.$$

D'après la théorie mécanique de la chaleur on a approximativement

$$l = U^a - U''' + A f v''$$

$$L = U''' - U^{aa}$$

A l'aide de l'équation (1) on trouvera

$$o = l\,dx - L\,dz + A\,(p - f)\,v''\,dx$$

En introduisant d'après l'équation (7) la valeur de $p - f$ et en remarquant qu'à la température de zéro on a

$$f v'' = \frac{\varepsilon a}{g}\,273$$

on trouvera

$$0 = l\,dx - L\,dz + \frac{Aa}{g}\,273\,\frac{dx}{x} \qquad (8)$$

Au commencement on a

$$x = x_0,\ y = y_0,\ z = 0$$

et quand toute l'eau a disparu, on a

$$x = x,\ y = 0,\ z = x_0 + y_0 - x$$

Par intégration et en substituant $l = 606.5$ et $L = 79.06$ on aura

$$\log \frac{x}{x_0} = 1.822\,y_0 - 15.80\,(x - x_0) \qquad (9)$$

Ayant déterminé x, on trouvera p par l'équation (7).

Quand toute l'eau est transformée en glace et en vapeur, on a un mélange de vapeur d'eau et de glace et à partir de ce moment les vapeurs d'eau se transforment directement en glace par l'abaissement de la température.

5° Les vapeurs d'eau se transforment partiellement en glace.

Pour cette période nous appliquons les formules données au cas 3°, en substituant $l + L$ à l et la chaleur spécifique de la glace ($c'' = 0.5$) à la chaleur spécifique de l'eau.

$$\log.\left(\frac{p_0 - f_0}{p - f}\right) = 3.441\,(1 + 2.105\,\xi)\,\log.\left(\frac{273 + \tau_0}{273 + \tau}\right) + 6.291\left(\frac{x_0\,(l_0 + L)}{273 + \tau_0} - \frac{x\,(l + L)}{273 + \tau}\right) \qquad (10)$$

Dans les trois périodes où les vapeurs d'eau se condensent, nous avons supposé que l'eau et la glace restent suspendues dans l'air et prennent part aux phénomènes calorifiques. Si nous voulons regarder le cas où l'eau et la glace après leur formation sortent de la masse d'air, il faut poser le terme $c + \xi c'$ ou $c + \xi c''$ variable. On peut dans ce cas donner à ξ une valeur *moyenne* et la regarder comme constante, sa valeur étant très-petite. La période de solidification à 0° disparait dans ce cas.

M. *Peslin*[1]) a développé des formules analogues, mais il n'a pas considéré la variation de la chaleur de vaporisation avec la température. Voici la différence entre ses formules et les nôtres.

Nous allons appliquer nos formules au cas où une masse d'air s'élève dans l'atmosphère avec une vitesse assez faible pour qu'on puisse la négliger. En désignant la hauteur par h, on peut écrire l'équation d'équilibre du § 4

---

[1]) Bulletin hebdomadaire de l'association scientifique de France, № 67.

$$Vdp = -(1 + \xi)\, dh.$$

En combinant cette équation avec l'équation (1) on trouvera

$$0 = dU + Ad(pV) + A(1 + \xi)\, dh. \qquad (11)$$

En appliquant cette formule à l'air humide on retrouvera les formules du § 4.

Quand nous regardons les cas où les vapeurs se condensent, nous distinguons:

6° *Les vapeurs d'eau se transforment partiellement en eau.*

Approximativement on a

$$pV = (p-f)\, v' + fx\, v'' = \frac{a(273 + \tau)}{g} + xfv''$$

Par substitution de cette équation dans l'équation (11) et à l'aide des formules du n° 3 on trouvera

$$\left.\begin{array}{l} 0 = (c + \xi c')\, d\tau + d(xl) + A(1 + \xi)\, dh \\ 0 = (c + \xi c')\,(\tau - \tau_0) + xl - x_0\, l_0 + A(1 + \xi)\, h \end{array}\right\} \qquad (12)$$

7° *Congélation à 0°.*

Ici on trouvera

$$\left.\begin{array}{l} 0 = l\, dx - L\, dz + A(1 + \xi)\, dh \\ 0 = (l + L)\,(x - x_0) - Ly_0 + A(1 + \xi)\, h \end{array}\right\} \qquad (13)$$

8° *Les vapeurs d'eau se transforment partiellement en glace.*

On trouvera

$$0 = (c + \xi c'')\,(\tau - \tau_0) + x(l + L) - x_0(l_0 + L) + A(1 + \xi)\, h \qquad (14)$$

Toutes les formules que nous venons de développer, appartiennent au cas où l'air éprouve des transformations sans absorber ni dégager de chaleur.

Supposons *que l'air reçoive de la chaleur* et que la chaleur absorbée soit proportionnelle à la variation de la température. Quand la quantité de chaleur absorbée est petite, la température s'abaisse pendant la dilatation et nous écrivons au lieu de l'équation (1)

$$-b\, d\tau = dU + Ap\, dV \qquad (15)$$

Ici b désigne une constante qui dépend des circonstances extérieures. En appliquant cette équation à l'air sec on trouvera la loi donnée par la formule (2) et m est donné par

$$m = 3.441 \left(1 + \frac{b}{c}\right) \qquad (16)$$

On voit qu'on peut facilement appliquer l'équation (15) aux autres cas où les vapeurs se condensent, mais nous nous abstenons du développement des formules parce qu'il n'y a pas d'observations pour vérifier les résultats. D'ailleurs il est plus commode d'appliquer la formule

$$\frac{p}{p_0} = \left(\frac{T}{T_0}\right)^m \qquad (17)$$

et d'attribuer à m des valeurs convenables, qui varient avec la hauteur de la couche d'air. Nous regarderons donc la formule (17) comme la formule générale, quand l'air éprouve une suite de transformations. A l'aide de la formule (6) du § 1 on trouvera

$$\frac{p}{p_0} = \left(\frac{\rho}{\rho_0}\right)^{-\frac{m}{m-1}} \tag{18}$$

Par conséquent on peut écrire

$$\frac{dp}{\rho} = m\, d\left(\frac{p}{\rho}\right) = \frac{1}{\rho_0}\left(\frac{p_0}{p}\right)^{\frac{m-1}{m}} dp. \tag{19}$$

Par intégration on trouvera

$$\int_{p_0}^{p} \frac{dp}{\rho} = m\left(\frac{p}{\rho} - \frac{p_0}{\rho_0}\right) = m\, a\, T_0 \left[\left(\frac{p}{p_0}\right)^{\frac{1}{m}} - 1\right] \tag{20}$$

Nous ferons usage plus tard des formules (19) et (20).

Applications.

Nous allons appliquer nos formules à une masse d'air qui s'élève lentement dans l'atmosphère.

$$\text{Soit } p_0 = 760^{mm},\ f_0 = 14^{mm}.943\ \ \tau_0 = 20^0$$

1^0 *Air non saturé.*

A l'aide des formules (7) du § 1 on trouve

$$x = 0.0125$$

En substituant cette valeur de x dans la formule (4) on trouve

$$m = 3.459$$

Tant que l'air n'est pas saturé, la valeur de x reste constante et par conséquent le rapport $\frac{f}{p}$ devient constant. On a donc

$$\frac{p}{p_0} = \frac{f}{f_0} = \left(\frac{273 + \tau}{273 + \tau_0}\right)^{m}$$

En attribuant à τ des valeurs différentes on trouve le point de saturation par comparaison au tableau suivant, qui contient les valeurs de τ correspondantes aux tensions maxima de la vapeur d'eau. On trouvera

$$\tau = 17^0,\ f = 14^{mm}.42,\ p = 733^{mm}.42,\ h = 306^{m}.$$

Tableau de la tension maximum des vapeurs d'eau.

τ	f max.	τ	$f.$ max.	τ	$f.$ max.	τ	$f.$ max.
— 39°	0.15mm	— 19°	1.01mm	+ 0°	4.60mm	+ 20°	17,39mm
— 38	0.17	— 18	1.09	1	4.94	21	18.50
— 37	0.19	— 17	1.19	2	5.30	22	19.66
— 36	0.21	— 16	1.29	3	5.69	23	20.89
— 35	0.24	— 15	1.40	4	6.10	24	22.18
— 34	0.26	— 14	1.52	5	6.53	25	23.55
— 33	0.29	— 13	1.65	6	7.00	26	24.99
— 32	0.32	— 12	1.78	7	7.49	27	26.51
— 31	0.35	— 11	1.93	8	8.02	28	28.10
— 30	0.39	— 10	2.09	9	8.57	29	29.78
— 29	0.42	— 9	2.27	10	9.17	30	31.55
— 28	0.46	— 8	2.45	11	9.79	31	33.41
— 27	0.51	— 7	2.65	12	10.46	32	35.36
— 26	0.56	— 6	2.87	13	11.16	33	37'41
— 25	0.61	— 5	3.11	14	11.91	34	39.57
— 24	0.66	— 4	3.36	15	12.70	35	41.83
— 23	0.72	— 3	3.64	16	13.54	36	44.20
— 22	0.78	— 2	3.93	17	14.42	37	46.69
— 21	0.85	— 1	4.25	18	15.36	38	49.30
— 20	0.93	— 0	4.60	19	16.85	39	52.04

2^0 *L'air est saturé au-dessus de* 0^0.

En substituant dans l'équation (6)

$\xi = 0.0125 = x_0$, $\tau_0 = 17^0$, $\tau = 0^0$, $f_0 = 14.42^{mm}$, $p_0 = 733.42^{mm}$ et $f = 4.60^{mm}$, on trouvera

$$\log (p - f) = 2.6005 + \frac{40.05}{p - f}$$

et $\qquad p = 487.2^{mm}$, $x = 0.00594$

La formule (12) donne $h = 3384^m$

En supposant la formule (17) on doit donner à m la valeur 6.78.

3_0 *Congélation à* 0^0.

En substituant dans l'équation (9)

$\xi = 0.0125$, $x_0 = 0.00594$, $y_0 = 0.00656$, $f = f_0 = 4.6^{mm}$, on trouvera

$x = 0.00607^{t·s.}$ et par la formule (7) $p = 476.5^{mm}$

La formule (13) donne $h = 178^m$

4^0 *L'air est saturé au-dessous de* 0^0.

En substituant dans la formule (10)

$\tau_0 = 0$, $\tau = -20^0$, $f_0 = 4.6^{mm}$, $f = 0.93^{mm}$, $p_0 = 476.5^{mm}$

$\xi = 0.0125$, $x_0 = 0.00607$, on trouvera

$$\log (p - f) = 2.4309 + \frac{10.05}{p - f}$$

et $p = 292.73^{mm}$, $x = 0.00198$

La formule (14) donne $h = 3206^m$.

En supposant la formule (17) on doit donner à m la valeur 6.39.

Résultats.

Hauteur h	Pression p	Température τ	Tension f	Vapeur x
0^m	760.00^m	20^0	14.94^{ms}	0.0125
306	733.42	17	14.42	0.0125
3690	487.20	0	4.60	0.00594
3868	476.50	0	4.60	0.00607
7074	292.73	— 20	0.98	0.00198

§ 6. Causes du mouvement de l'air.

Quand l'air est en équilibre, les forces agissantes sont l'attraction de la terre et la force centrifuge produite par la rotation de la terre. Ces deux forces ont une résultante qu'on appelle la pesanteur, qui varie avec la latitude et avec la hauteur. Dans la météorologie nous regardons seulement les couches d'air peu élevées et nous posons généralement la pesanteur constante et désignons sa valeur par unité de masse par g.

Dans une atmosphère en équilibre la pesanteur est normale aux surfaces de niveau et la surface de la terre est elle-même une surface de niveau. En même temps la densité de l'air et par conséquent sa température varient seulement d'une surface de niveau à l'autre: on voit donc qu'à l'état d'équilibre les surfaces de niveau sont des surfaces d'égale pression et des surfaces isothermes. On peut approximativement regarder la terre comme sphérique et les surfaces de niveau comme des sphères concentriques avec la terre. Alors la température doit seulement varier avec la hauteur. En vérité la température ne sera jamais uniforme sur la terre et l'équilibre n'a donc pas lieu dans la nature.

Quand l'atmosphère est en équilibre, la loi de la variation de la température avec la hauteur n'influe pas sur l'équilibre, mais c'est de cette loi que dépend la stabilité de l'équilibre. Il faut distinguer entre la stabilité par rapport à un mouvement ascendant et à un mouvement descendant. En imprimant à une particule d'air une vitesse ascendante, la température de la particule d'air peut changer plus rapidement ou plus lentement que la variation de température de l'air environnant. Si la température de la particule ascendante décroît plus rapidement que la température de l'atmosphère, la particule obtiendra un poids spécifique plus grand que l'air environnant, et par conséquent elle descendra quand la vitesse imprimée est consommée, et on appelle l'équilibre *stable*. Si la température de la particule d'air décroît plus lentement que la température de l'atmosphère, la particule obtiendra un poids spécifique moindre que l'air environnant et elle continuera son mouvement ascendant; alors l'équilibre est *instable*.

En imprimant à une particule d'air une vitesse descendante on voit de la même manière que l'équilibre est *stable*, si la température de la particule s'accroît plus rapidement que la température de l'air environnant, et qu'il est *instable*, si la température de la particule d'air s'accroît plus lentement que la température de l'air environnant.

La stabilité de l'atmosphère dépend par conséquent de la loi de la variation de la température avec la hauteur et de l'état de l'atmosphère. Supposons que dans l'atmosphère calme la température virtuelle décroisse proportionnellement à la hauteur d'après les formules du § 4; en imprimant à une particule d'air une vitesse faible, on peut approximativement calculer la variation de sa température virtuelle d'après la formule (17) du § 5. Soit m le coefficient de la particule d'air et m' celui de l'atmosphère calme, on voit[1]) que l'équilibre est stable pour un mouvement ascendant, quand $m < m'$, et que l'équilibre est stable pour un mouvement descendant, quand $m > m'$.

La cause générale des perturbations de l'équilibre de l'atmosphère est la chaleur du soleil. Le soleil communique à l'atmosphère la chaleur directement et indirectement par l'intermédiaire de la surface de la terre. Cette quantité de la chaleur représente une force vive qui peut produire les mouvements des particules d'air. L'action de la chaleur du soleil se présente sous deux formes différentes; en partie elle produit des *changements de la température* de l'atmosphère, en partie elle produit par la vaporisation de l'eau des *changements de la masse de l'atmosphère*. L'action directe de ces phénomènes est un changement de la pression de l'air, accompagné d'un mouvement des particules d'air, ce qui fait naître les courants d'air.

Les courants d'air qui peuvent avoir des directions quelconques, tendent toujours à détruire les perturbations et à produire un nouvel état d'équilibre. On peut s'imaginer des courants permanents dans l'atmosphère: supposons qu'un échauffement continuel ait lieu dans un point et qu'un refroidissement ait lieu dans un autre, on verra qu'il en naît deux courants, l'un transportant l'air chaud et l'autre l'air froid.

La chaleur dégagée dans l'atmosphère d'une manière quelconque produit des courants d'air. Nous citerons les courants d'air pendant un feu de forêt, pendant l'éruption d'un volcan. Dans le dernier cas les vapeurs et la pluie de cendres dégagent de la chaleur. Nous saisissons l'occasion pour faire la remarque suivante. Pendant les éruptions des volcans et les tremblements de terre il est probable que des masses changent de position dans l'intérieur de la terre. Si les masses sont assez grandes pour influer sur la pesanteur, on peut expliquer la naissance des courants d'air en supposant que le déplacement des masses dans l'intérieur de la terre produise un changement subit de la pesanteur. Ce changement sera accompagné d'un changement rapide dans la pression de l'air, ce qui produira des courants d'air.

---

[1]) Soient T et T' les températures virtuelles de la particule d'air et de l'atmosphère calme, on a

$$T = T_0 - \frac{g z}{a m}$$

$$T' = T_0 - \frac{g z}{a m'}$$

Chapitre Deuxième.

Des courants d'air permanents et horizontaux.

§ 7. Isobares. Gradient.

Pendant le mouvement de l'air de nouvelles forces agissent et les surfaces de niveau du § 6 ne sont plus des surfaces d'égale pression. Considérons une surface d'égale pression ou une surface isobare pendant le mouvement, cette surface coupe les surfaces de niveau dans des lignes qu'on appelle *isobares*. Ici nous nous occuperons principalement des isobares à la surface de la terre.

En considérant la variation de la pression dans un point par l'unité de longueur, nous concevons que la variation suivant l'isobare est nulle et qu'elle a sa valeur maximum suivant

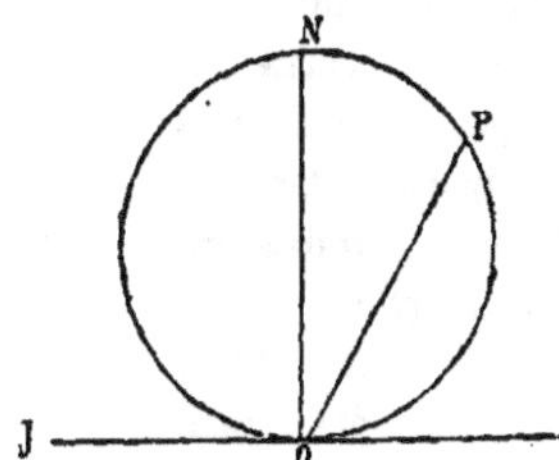

la direction normale à l'isobare. On trouvera la variation de la pression suivant une direction quelconque en projetant la variation maximum dans cette direction, ce qui est géométriquement représenté par un cercle dont le diamètre est la variation maximum. Voir la figure, où II représente l'isobare, ON la variation maximum et OP la variation de la pression suivant la direction OP.

Dans la météorologie nous allons appeler *le gradient* la variation de la pression normale à l'isobare, exprimée en millimètres de mercure par un degré de méridien moyen. Soient G le gradient, dp l'accroissement infiniment petit de la pression, dn l'accroissement infiniment petit de la normale et μ une constante, on a

$$\frac{dp}{dn} = \mu G \qquad (1)$$

$$\mu = \frac{10333}{760} \cdot \frac{90}{10000000} = 0.00012237.$$

La direction du gradient est désignée par le rumb du compas où se trouve la moindre pression. D'après la théorie des fluides il est évident que la grandeur $\dfrac{\mu}{\rho} G$ représente la force produite par la variation de la pression agissant par l'unité de masse. Cette force qui agit suivant la direction où la pression diminue, doit être ajoutée aux forces extérieures. On verra plus tard que le gradient est une grandeur petite et même dans les cyclones il ne dépasse pas les 100^{mm}. La pesanteur g équivaut à la surface de la terre à un gradient égal à 10570^{mm}.

§ 8. Forces qui agissent pendant le mouvement.

Pendant le mouvement de l'air il y a deux forces nouvelles qui agissent, savoir l'action de la rotation de la terre et le frottement entre les molécules de l'air et entre celles-ci et la surface de la terre. L'action de la rotation de la terre produit proprement dit deux forces, la force centrifuge, laquelle avec l'attraction de la terre produit la résultante g, et la force dite *centrifuge composée*. Cette force que nous appellerons *déviatoire*, est perpendiculaire à la trajectoire de la particule d'air et dirigée à droite dans l'hémisphère boréal et à gauche dans l'hémisphère austral.

En désignant par v la vitesse de l'air, par ω la vitesse angulaire de la terre et par Θ la latitude, on a

$$\text{la force déviatoire} = 2\,\omega \sin \Theta . v. \tag{1}$$

La vitesse est exprimée en mètres par seconde et

$$\omega = 0.000072723.$$

La force déviatoire de la rotation de la terre se trouve en considérant le mouvement d'un point relativement à la terre supposée en repos. Si l'on n'introduit pas cette force dans tous les problèmes dynamiques embrassant des mouvements relatifs à la terre, c'est parce que cette force déviatoire est très-faible en même temps que les trajectoires ne s'étendent pas à des distances considérables. Les courants d'air au contraire parcourent de grandes parties de la surface de la terre et les forces qui les produisent sont très-faibles. On peut donc s'attendre à ce que la force déviatoire de la rotation de la terre joue un rôle important dans les problèmes de la météorologie. Ajoutons que cette force étant perpendiculaire à la trajectoire n'influe point sur la vitesse du courant, mais tend seulement à en changer la direction.

Le frottement est au contraire une force qui tend à diminuer la vitesse. La théorie complète du frottement entre les molécules d'air est très-compliquée et sera développée dans la deuxième partie de nos études. Ici nous admettons que le frottement est une force tangentielle et opposée au mouvement. Quant à sa grandeur nous supposons qu'elle est *proportionnelle à la vitesse*, et en designant par k le coefficient du frottement nous posons

$$\text{la force de frottement} = k . v. \tag{2}$$

La théorie complète montre que la valeur de k dépend de la hauteur du courant. Quand la hauteur du courant augmente, la valeur de k diminue, ce qui est conforme à ce que nous connaissons du coefficient du frottement de l'eau dans les canaux découverts. Pour des canaux très-larges le coefficient du frottement est en raison inverse de la hauteur du courant.

En étudiant le mouvement d'une particule d'air il faut ajouter aux forces extérieures la force tangentielle et la force centrifuge produites par le mouvement. En désignant par s le chemin parcouru et par R le rayon de courbure de la trajectoire, on a

$$\text{la force tangentielle} = \frac{v\,d\,v}{d\,s} \tag{3}$$

$$\text{la force centrifuge} = \frac{v^2}{R} \tag{4}$$

3*

Ajoutons que les courants horizontaux se meuvent suivant la surface de la terre qui est normale à la pesanteur; par conséquent nous négligeons l'action de la pesanteur dans les problèmes suivants et les forces agissantes seront *la force du gradient, la force déviatoire de la rotation de la terre, la force du frottement, la force tangentielle du mouvement et la force centrifuge du mouvement.*

§ 9. Mouvement horizontal rectiligne et uniforme.

Quand le mouvement est uniforme et rectiligne, la force tangentielle et la force centrifuge disparaissent et nous allons établir l'équilibre entre la force du gradient, la force du frottement et la force déviatoire de la rotation de la terre.

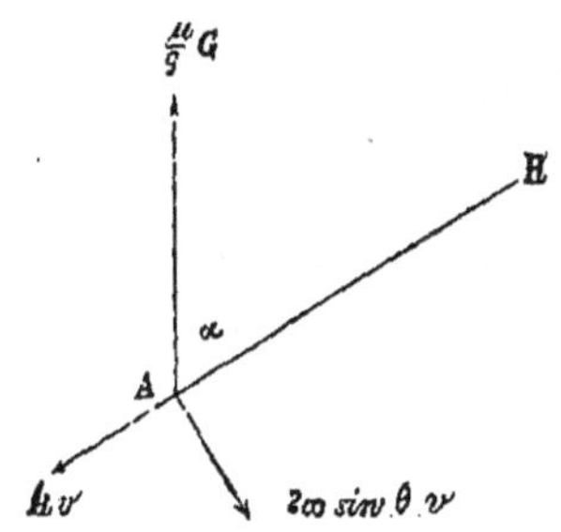

Désignons par α l'angle entre le gradient et la trajectoire et décomposons les forces suivant la trajectoire AB et perpendiculairement à sa direction, nous aurons

$$\frac{\mu}{\rho}\,G\cos\alpha = kv \tag{1}$$

$$\frac{\mu}{\rho}\,G.\sin\alpha = 2\,\omega\,\sin\,\Theta.\,v \tag{2}$$

Par division nous obtiendrons

$$\operatorname{tang}\alpha = \frac{2\,\omega\,\sin\,\Theta}{k} \tag{3}$$

Dans l'hémisphère boréal la latitude Θ est positive et dans l'hémisphère austral Θ est négative. L'angle α a le même signe que Θ et par conséquent le vent a dévié à *droite* dans l'hémisphère boréal et à *gauche* dans l'hémisphère austral. Le rapport entre la vitesse et le gradient se trouve par l'équation (1)

$$\frac{v}{G} = \frac{\mu\cos\alpha}{\rho k} \tag{4}$$

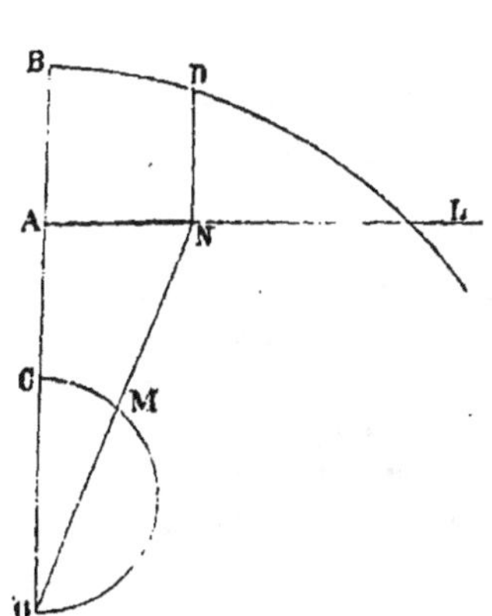

Par les formules (3) et (4) on peut déterminer la direction et la vitesse du vent: par construction on trouve leurs valeurs de la manière suivante. Soit OB la direction du gradient et prenons deux distances OB et OA dans le rapport

$$OB : OA = 2\omega : k.$$

Décrivons un cercle avec le rayon OB et menons une perpendiculaire AL à OA; faisons l'arc BD égal à la latitude et menons DN parallèle à BO, nous aurons l'angle $AON = \alpha$. En décrivant un demi-cercle avec le diamètre

$$OC = \frac{\mu G}{\rho k},$$

la corde OM sera égale à la vitesse v.

Nous appelons l'angle α défini par l'équation (3) *l'angle de déviation normale.*

Tableau de l'angle de déviation normale.

Latitude	Coefficient du frottement $k =$					
	0.00002	0.00004	0.00006	0.00008	0.00010	0.00012
0°	0°.0	0°.0	0°.0	0°.0	0°.0	0°.0
5	32.4	17.6	11.9	9.0	7.2	6.0
10	51.6	32.3	22.8	17.5	14.2	11.9
15	62.0	43.3	32.1	25.2	20.6	17.4
20	68.1	51.2	39.7	31.9	26.4	22.5
30	74.6	61.2	50.5	42.3	36.0	31.2
40	77.9	66.8	57.3	49.4	43.1	37.9
50	79.8	70.2	61.7	54.3	48.1	42.9
60	81.0	72.4	64.5	57.6	51.5	46.4
70	81.7	73.7	66.3	59.7	53.8	48.7
80	82.0	74.4	67.3	60.8	55.1	50.0
90	82.2	74.6	67.6	61.2	55.5	50.5

Quant au rapport entre la vitesse et le gradient, il dépend de la densité de l'air. En supposant la température égale à 0° et la pression égale à 760^{mm}, la densité ρ est égale à 0.13184, et on trouve les valeurs suivantes pour la latitude de 45°:

k	α	$\dfrac{v}{G}$	$\dfrac{G}{v}$
0.00002	78° 59′.7	8.863	0.1128
0.00004	68 44.8	8.411	0.1189
0.00006	59 44.4	7.795	0.1283
0.00008	52 7.3	7.123	0.1404
0.00010	45 48.2	6.470	0.1546
0.00012	40 35.9	5.873	0.1703

En supposant la température égale à 20° et la pression égale à 740^{mm}, la valeur de $\dfrac{v}{G}$ sera augmentée dans le rapport de 1 à 1.102; en supposant la température égale à $-$ 10° et la pression égale à 770^{mm}, la valeur de $\dfrac{v}{G}$ sera diminuée dans le rapport de 1 à 0.951.

A l'aide du dernier tableau nous avons calculé le tableau suivant à la latitude de 45°, les vitesses étant toujours exprimées en mètres par seconde. L'échelle de la force du vent est celle employée jusqu'ici dans plusieurs systèmes météorologiques de l'Europe; les nombres y ont la signification suivante: 0 = calme, 1 = faible, 2 = modéré, 3 = assez fort, 4 = fort, 5 = très-fort ou tempête, et 6 = ouragan. Les valeurs du coefficient du frottement sont les limites extrêmes que nous avons trouvées par des calculs préalables, savoir pour la mer et pour une surface irrégulière de la terre.

Force du vent	Vitesse	Gradient	
		$k =$	
Echelle 0 — 6	mètres	0 00002	0.00012
		mm	mm
0	0 — 1	0 — 0.1	0 — 0.2
1	1 — 4	0.1 — 0.5	0.2 — 0.7
2	4 — 7	0.5 — 0.8	0.7 — 1.2
3	7 — 11	0.8 — 1.2	1.2 — 1.9
4	11 — 17	1.2 — 1.9	1.9 — 2.9
5	17 — 28	1.9 — 3.1	2.9 — 4.8
6	28 — 50	3.1 — 5.5	4.8 — 8.5

§ 10. Courants d'air horizontaux aux isobares rectilignes. La latitude est supposée constante.

Quand un courant d'air permanent parcourt des isobares rectilignes, la masse d'air qui passe perpendiculairement aux isobares, doit être constante dans l'unité de temps. En désignant par ψ l'angle entre le gradient et la tangente de la trajectoire, l'équation de continuité s'écrit:

$$v.\cos\psi = \text{constante.} \tag{1}$$

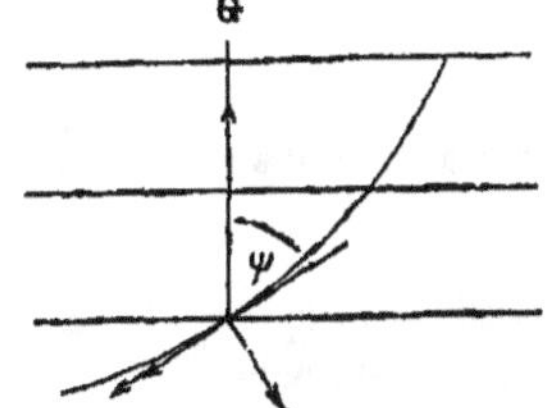

Décomposons les cinq forces (voir § 8) suivant la tangente et la normale, nous aurons:

$$\frac{\mu}{\rho}\, G\cos\psi = kv + v\frac{dv}{ds} \tag{2}$$

$$\frac{\mu}{\rho}\, G\sin\psi = 2\omega\sin\Theta\, v + \frac{v^2}{R} \tag{3}$$

En différentiant l'équation (1) on trouve

$$dv = v\tan\psi\, d\psi$$

et en introduisant la valeur du rayon de courbure

$$\frac{1}{R} = -\frac{d\psi}{ds}$$

on trouvera

$$\frac{\mu}{\rho}\, G\cos\psi = v\left(k + v\tan\psi\frac{d\psi}{ds}\right) \tag{4}$$

$$\frac{\mu}{\rho}\, G\sin\psi = v\left(2\omega\sin\Theta - v\frac{d\psi}{ds}\right) \tag{5}$$

Ces deux équations se transforment dans les suivantes:

$$\frac{\mu}{\rho}\, G = kv\cos\psi\left(1 + \frac{2\omega\sin\Theta}{k}\tan\psi\right) \tag{6}$$

$$0 = k\sin\psi - 2\omega\sin\Theta\cos\varphi + \frac{v}{\cos\psi}\frac{d\psi}{ds} \tag{7}$$

En introduisant

$$\cos \psi \, ds = dx,$$

où x est la distance suivant le gradient, l'équation (7) peut s'écrire

$$\frac{v \cos \psi}{k} \cdot \frac{d\,(\tan g\,\psi)}{dx} = - \tan g\,\psi + \frac{2\omega \sin \Theta}{k} \qquad (8)$$

L'intégrale générale de cette équation est

$$\tan g\,\psi = \frac{2\omega \sin \Theta}{k} + Ce^{-\frac{kx}{v \cos \psi}},$$

où C est la constante arbitraire. Dans la nature il faut poser $C = O$, parce que l'angle ψ ne varie pas jusqu'à l'infini avec les valeurs croissantes de x. Alors on a

$$\tan g\,\psi = \frac{2\omega \sin \Theta}{k} = \tan g\,\alpha$$

En substituant cette valeur de ψ dans l'équation (1) on verra que la vitesse devient constante et, par conséquent, d'après l'équation (2) le gradient devient également constant, pourvu qu'on suppose la densité ρ constante, et dans ce cas les isobares sont équidistantes. Si l'on veut considérer la variation de la densité ρ, on introduit

$$dp = - \mu G dx$$

et à l'aide de la formule (20) du § 5 on peut calculer la pression p. En général on peut introduire une valeur moyenne de la densité et la regarder comme constante.

§ 11. Action de la variation de la latitude sur les courants d'air horizontaux aux isobares rectilignes.

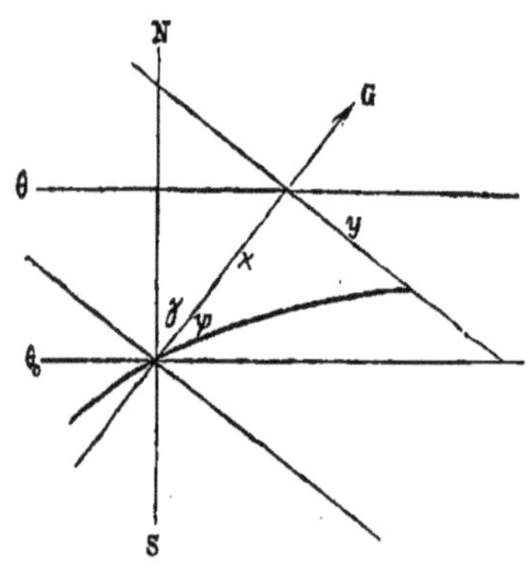

Désignons par γ l'angle entre le gradient et le méridien, la latitude Θ s'exprime par l'équation suivante

$$\Theta = \Theta_0 + \lambda x \qquad (1)$$

$$\lambda = \frac{9}{10^6} \cdot \frac{\pi}{180} \cos \gamma \qquad (2)$$

Le coefficient λ est positif tant que le gradient est dirigé vers l'hémisphère boréal, et négatif lorsqu'il est dirigé vers l'hémisphère austral; λ est zéro quand le gradient est dirigé vers l'est ou vers l'ouest.

Les équations développées au § 10 ont lieu en regardant Θ comme variable. L'équation (8) du § 10 s'écrit

$$\frac{d\,(\tan g\,\psi)}{dx} = \frac{2\omega \sin \Theta - k \tan g\,\psi}{v \cos \psi} \qquad (3)$$

Pour abréger posons

$$\tan g\,\varepsilon = \lambda \frac{v \cos \psi}{k} \qquad (4)$$

On trouve que l'intégrale de l'équation (3), en posant la constante arbitraire égale à zéro, comme nous l'avons fait dans le § 10, sera

$$\tan \psi = \frac{2\omega}{k} \cos \varepsilon \sin (\Theta - \varepsilon) \tag{5}$$

En substituant tang ψ dans l'équation (6) du § 10 on aura

$$\frac{\mu}{p} G = kv \cos \psi \left(1 + \left(\frac{2\omega}{k}\right)^2 \cos \varepsilon \sin \Theta \sin (\Theta - \varepsilon)\right) \tag{6}$$

Pour avoir l'équation de la trajectoire nous introduisons

$$dy = \tan \psi \, dx.$$

En substituant la valeur de tang ψ et en intégrant on trouvera, en posant $y = o$ pour $x = o$,

$$y = \frac{4\omega}{k} \frac{\cos \varepsilon}{\lambda} \sin \left(\frac{\Theta - \Theta_0}{2}\right) \sin \left(\frac{\Theta + \Theta_0}{2} - \varepsilon\right) \tag{7}$$

En introduisant $\mu G = -\dfrac{dp}{dx}$ dans l'équation (6) on trouvera par intégration la pression p. Du reste en construisant la courbe du gradient on déterminera facilement la courbe de la pression.

D'après l'équation (5) l'angle de déviation ψ dépend de la grandeur ε; ε étant assez petite pour que cos ε ne diffère pas sensiblement de l'unité, on conclut que ψ s'approche de l'angle normal α, quand la latitude Θ obtient une valeur numérique assez grande. Quant aux vents qui passent l'équateur, $\cdot\Theta$ a des valeurs numériques faibles et l'angle ψ peut être très différent de l'angle de déviation normale. Il faut distinguer deux cas:

1º *Le gradient est boréal.*

Quand l'azimuth du gradient γ, compté du Nord, ne surpasse pas 90º, la valeur de λ est positive et par conséquent ε est positive. Dans ce cas l'angle ψ est négatif pour les valeurs australes de Θ et pour les valeurs boréales jusqu'à $\Theta = \varepsilon$. Quand Θ surpasse ε, l'angle ψ devient positif et s'approche de plus en plus de la valeur normale α. On voit donc que les vents qui viennent du Sud ont dévié à gauche même après le passage de l'équateur, que la déviation est nulle à la latitude ε, et qu'elle tombe à droite à partir de ce point.

Dans la nature nous reconnaissons cette loi de déviation chez les vents alizés de l'Atlantique et de l'Ocean Indien pendant l'été.

2º *Le gradient est austral.*

Quand l'azimuth du gradient surpasse 90º, la valeur de λ et celle de ε deviennent négatives. Dans ce cas l'angle ψ reste positif au nord de l'équateur et au sud de l'équateur jusqu'à la latitude $\Theta = \varepsilon$; puis ψ devient négatif et s'approche de plus en plus de la valeur normale α. On voit donc que les vents qui viennent du Nord ont dévié à droite même après le passage de l'équateur et jusqu' à $\Theta = \varepsilon$: à cette latitude la déviation est nulle, puis elle tombe à gauche. Dans la nature le mousson dit d'Ouest dans l'Océan Indien suit cette loi pendant l'hiver.

Nous allons appliquer nos formules aux exemples numériques qu'on peut comparer aux cartes des vents généraux. Parmi celles-ci nous nommerons surtout les excellentes cartes publiées par le *Meteorological office de Londres* sous le titre „Monthly Charts of meteorological data for Square 3; published by Authority of the meteorological committee". Ce sont en réalité ces cartes qui nous ont conduits à établir la théorie des vents passant l'équateur présentée dans ce paragraphe [1]).

Applications.

1^0 *Le gradient est boréal* (voir Planche I, figure première). Soit $\gamma = 20^0$, $\Theta_0 = 0^0$, $v \cos \psi = 10^m$, $k = 0.00002$, $\tau = 20^0$,

on trouvera $\varepsilon = 4^0 \, 13'.2$

Θ	ψ	v (m)	G (mm)	y
— 5⁰	— 49⁰.3	15.3	0.35	4⁰.5
0	— 28. 1	11.3	0.20	0
5	5. 6	10.0	0.21	— 1.2
10	36. 1	10.0	0.89	1.1

2^0 *Le gradient est austral* (voir Pl. I, deuxième figure). Soit $\gamma = 180^0$, $\Theta_0 = 0^0$, $v \cos \psi = 5^m$, $k = 0.00002$, $\tau = 20^0$,

on trouvera $\varepsilon = - 2^0 \, 15'$.

Θ	ψ	v (m)	G (mm)	y
5⁰	42⁰.5	6.8	0.16	3⁰.0
0	15. 9	5.2	0.10	0
— 5	— 19. 2	5.3	0.12	0. 2
— 10	— 44. 4	7.0	0.22	3. 5

On verra que la loi de déviation est très-conforme aux observations; cependant les vitesses et les gradients observés ne suivent pas dans toute leur étendue nos formules, ce qui est bien facile à expliquer quand on remarque que dans la nature les courants d'air ont auprès des calmes de l'équateur un mouvement ascendant qui diminue la vitesse horizontale et la grandeur du gradient. On pourrait facilement introduire cette action dans les formules, mais nous n'étendrons pas davantage nos recherches puisque nous traiterons le problème d'une manière plus générale dans la deuxième partie de nos études.

§ 12. Courants d'air horizontaux aux isobares circulaires autour d'un minimum barométrique.

Nous considérons la latitude comme constante et les isobares comme des cercles concentriques. Le système étant symétrique par rapport au centre des isobares, la quantité d'air qui entre dans l'unité de temps doit rester constante. En désignant par ψ

---

[1]) Les formules du § 11 ne sont exactes que quand $\gamma = 0^0$ ou $\gamma = 180^0$; elles s'appliquent approximativement aux valeurs très-voisines, ce qui a lieu dans la nature.

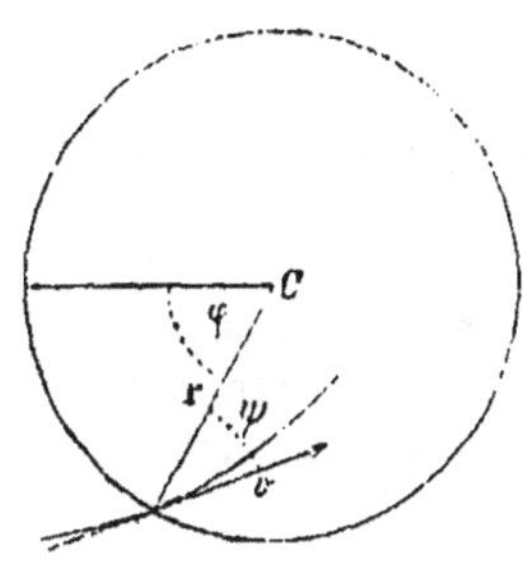

l'angle entre la direction du vent et le rayon qui est la direction du gradient, la composante de la vitesse suivant le rayon sera $v \cos \psi$. Soit r le rayon et h la hauteur du courant, la section du courant sera $2\pi r h$ et en remarquant que h reste constante, l'équation de continuité donnera

$$v r \cos \psi = \text{constante}. \tag{1}$$

Les forces agissantes sont les mêmes que dans le § 10 et les équations (2) et (3) ont lieu, en substituant

$$\frac{1}{R} = \frac{\sin \psi}{r} + \cos \psi \frac{d\psi}{dr}$$

$$\cos \psi \, ds = - \, dr.$$

A l'aide de l'équation (1) on trouvera

$$\frac{\mu}{\rho} \, G. \cos \psi = v \left(k + \frac{v \cos \psi}{r} - \frac{v \sin \psi \, d\psi}{dr} \right)$$

$$\frac{\mu}{\rho} \, G. \sin \psi = v \left(2\omega \sin \Theta + \frac{v \sin \psi}{r} + \frac{v \cos \psi \, d\psi}{dr} \right)$$

Ces deux équations se transforment en

$$\frac{\mu}{\rho} \, G = v \left(k \cos \psi + 2\omega \sin \Theta \sin \psi + \frac{v}{r} \right) \tag{2}$$

$$0 = k \sin \psi - 2\omega \sin \Theta \cos \psi - v \frac{d\psi}{dr} \tag{3}$$

La dernière équation s'écrit

$$\frac{d (\operatorname{tang} \psi)}{r \, dr} = \frac{k}{v r \cos \psi} \left(\operatorname{tang} \psi - \frac{2\omega}{k} \sin \Theta \right)$$

Par intégration on trouvera, en posant la constante arbitraire égale à zéro par la même raison qu'au § 10,

$$\operatorname{tang} \psi = \frac{2\omega}{k} \sin \Theta = \operatorname{tang} \alpha \tag{4}$$

L'angle de déviation a donc la valeur normale et la trajectoire est une spirale logarithmique. En désignant par φ l'angle entre le rayon et la direction fixe, l'équation de la trajectoire sera

$$\text{log. nat. } r = - \varphi \cot g \, \alpha + C \tag{5}$$

Soient r_0 et v_0 les valeurs de r et de v pour un point quelconque, on peut transformer les équations (1) et (2) dans les suivantes:

$$v r = v_0 r_0 \tag{6}$$

$$\left. \begin{aligned} \frac{\mu}{\rho} \, G &= \frac{k v}{\cos \alpha} + \frac{v^2}{r} \\ \frac{\mu}{\rho} \, G &= \frac{k v_0 r_0}{\cos \alpha} \cdot \frac{1}{r} + \frac{v_0^2 r_0^2}{r^3} \end{aligned} \right\} \tag{7}$$

En introduisant une valeur moyenne de la densité et en exprimant la distance r en degrés du méridien, on peut écrire

$$G = \frac{a}{r} + \frac{a'}{r^3} \tag{8}$$

où a et a' désignent des constantes.

Alors l'accroissement db de la pression en millimètres est égale à $G\,dr$ et on trouvera

$$b - b_0 = \frac{a}{M} \log \frac{r}{r_0} - \frac{a'}{2} \left(\frac{1}{r^2} - \frac{1}{r_0^2} \right) \tag{9}$$

Les équations que nous venons de développer demandent que la hauteur du courant d'air reste constante. On ne peut donc appliquer les équations qu'aux parties extérieures d'un tourbillon autour d'un minimum barométrique, car dans l'intérieur du tourbillon les courants ont un mouvement ascendant assez rapide pour qu'on ne puisse le négliger.

Applications.

1° *Tourbillon à grande vitesse* (voir Pl. II). Soit la latitude $= 20°$, $k = 0.00002$, $\tau = 20°$ $\frac{\mu}{\rho} = 0.001006$ (pour une pression moyenne de 753^{mm}), $v_0 = 50^m$, $r_0 = 0°.3$.

En exprimant r en degrés du méridien on a

$$G = \frac{0.8}{r} + \frac{2.014}{r^3}; \quad b - b_0 = 1.842 \log \frac{r}{r_0} + 11.19 - \frac{1.007}{r^2}.$$

$$\varphi = 328 \log \frac{r_0}{r}, \qquad \alpha = 68° 5'.8.$$

$r =$	$0°.3$	$0°.4$	$0°.5$	$0°.6$	$0°.8$	$1°.0$	$2°.0$
$v =$	50^m	37.5^m	30^m	25^m	18.75	15^m	7.5^m
$G =$	77.3^{mm}	33.5^{mm}	17.7^{mm}	10.6^{mm}	4.9^{mm}	2.8^{mm}	0.6^{mm}
$b - b_0 =$	0^{mm}	5.1^{mm}	7.6^{mm}	8.9^{mm}	10.4^{mm}	11.1^{mm}	14.3^{mm}
$-\varphi =$	$0°$	$41°$	$73°$	$99°$	$140°$	$172°$	$340°$

2° *Tourbillon à vitesse moyenne* (voir Pl. III). Soit la latitude $= 60°$, $k = 0.00012$, $v_0 = 15^m$, $r_0 = 7°$, $\frac{\mu}{\rho} = 0.0009404$ ($\tau = 0°$, $b = 750^{mm}$),

on trouvera $\alpha = 46° 23'.3$, $G = \frac{19.43}{r} + \frac{105.5}{r^3}$,

$$b - b_0 = 44.73 \log \frac{r}{r_0} + 1.076 - \frac{52.75}{r^2}, \qquad \varphi = 138.5 \log \frac{r_0}{r}$$

$r =$	$7°$	$8°$	$9°$	$10°$	$12°$	$15°$	$20°$
$v =$	15^m	13.1^m	11.7^m	10.5^m	8.7^m	7.0^m	5.2^m
$G =$	3.08^{mm}	2.64^{mm}	2.30^{mm}	2.05^{mm}	1.68^{mm}	1.33^{mm}	0.98^{mm}
$b - b_0 =$	0^{mm}	2.8^{mm}	5.3^{mm}	7.5^{mm}	11.2^{mm}	15.6^{mm}	21.3^{mm}
$-\varphi =$	$0°$	$8°$	$15°$	$21°$	$32°$	$46°$	$63°$

§ 13. Courants d'air horizontaux aux isobares circulaires autour d'un maximum barométrique.

En faisant les mêmes hypothèses que dans le § 12, on trouvera les mêmes équations, mais il faut poser

$$\psi = 180^{\circ} + \alpha \tag{1}$$

et changer le signe du gradient, en supposant que la pression diminue avec la distance du centre. On aura donc

$$v\,r = v_0\,r_0$$

$$\frac{\mu}{\rho}\cdot G = \frac{k\,v_0\,r_0}{\cos\alpha}\cdot\frac{1}{r} - \frac{v_0^{2}\,r_0^{2}}{r^{3}} \tag{2}$$

$$\text{ou}\quad G = \frac{a}{r} - \frac{a'}{r^{3}} \tag{3}$$

$$b_0 - b = \frac{a}{M}\,\log\frac{r}{r_0} + \frac{a'}{2}\left(\frac{1}{r^{2}} - \frac{1}{r_0^{2}}\right) \tag{4}$$

L'hypothèse que la pression diminue avec la distance du centre exige que $v_0 < \dfrac{k\,r_0}{\cos\alpha}$.

Dans la nature le vent autour des maxima barométriques a toujours une vitesse faible et la pression diminue à partir du centre. Cependant on ne peut appliquer les formules qu'aux parties extérieures du tourbillon, parce que dans la partie intérieure les courants ont une vitesse verticale descendant qui influe sur le mouvement horizontal.

Applications (voir Pl. IV).

Tourbillon autour d'un maximum barométrique. Soit la latitude $= 45^{\circ}$, $k = 0.00012$, $\dfrac{\mu}{\rho} = 0.0009281$ ($\tau = 0^{\circ}$, $b = 760^{\text{mm}}$), $v_0 = 4^{\text{m}}$, $r_0 = 5^{\circ}$, on trouve

$$\alpha = 40^{\circ}\,35'.9,\quad G = \frac{3.406}{r} - \frac{3.879}{r^{3}}$$

$$b_0 - b = 7.841\,\log.\frac{r}{r_0} - 0.0776 + \frac{1.94}{r^{2}},\quad \varphi = 113\,\log.\frac{r_0}{r}.$$

$r =$	5°	6°	8°	10°	15°	20°
$v =$	4^{m}	3.3^{m}	2.5^{m}	2.0^{m}	1.3^{m}	1.0^{m}
$G =$	0.65^{mm}	0.55^{mm}	0.42^{mm}	0.34^{mm}	0.23^{mm}	0.17^{mm}
$b_0 - b =$	0^{mm}	0.57^{mm}	1.57^{mm}	2.34^{mm}	3.73^{mm}	4.72^{mm}
$-\varphi =$	0	9°	23°	34°	54°	68°

§ 14. Courants d'air dans la partie intérieure d'un tourbillon.

Dans les §§ 12 et 13 nous avons considéré des courants d'air qui se meuvent à hauteur constante en s'approchant du centre des isobares ou en s'en éloignant. Dans la nature la hauteur des courants ne reste pas invariable: dans les tourbillons autour d'un minimum barométrique les courants ont un mouvement ascendant qui croît vers le centre, et dans les tourbillons autour d'un maximum barométrique les courants ont un mouvement descendant qui diminue avec la distance du centre. Nous allons traiter le problème général dans la deuxième partie de nos études, mais à présent nous allons considérer un cas spécial, savoir la partie centrale des tourbillons. Pour un système d'isobares circulaires l'équation de continuité peut s'écrire

$$2\pi r h v \cos \psi = \text{constante.}$$

Supposons que la hauteur h soit variable et une fonction de r, on peut écrire

$$v r \cos \psi = f(r)$$

Maintenant nous faisons l'hypothèse suivante:

$$f(r) = c r^2 \text{ où } c \text{ est une constante,}$$

alors l'équation de continuité prend la forme

$$v \cos \psi = c r \tag{1}$$

En introduisant cette valeur de v dans les équations (2) et (3) du § 10 et à l'aide des formules du § 12, on trouvera

$$\frac{\mu}{\rho} \, G \cos \psi = v \left(k - v \sin \psi \, \frac{d\psi}{dr} - c \right) \tag{2}$$

$$\frac{\mu}{\rho} \, G \sin \psi = v \left(2\omega \sin \Theta + \frac{v \sin \psi}{r} + v \cos \psi \, \frac{d\psi}{dr} \right) \tag{3}$$

En éliminant G on aura

$$0 = k \sin \psi - 2\omega \sin \Theta \cos \psi - 2 c \sin \psi - v \frac{d\psi}{dr} \tag{4}$$

Cette équation s'écrit

$$c r \, \frac{d(\operatorname{tang} \psi)}{dr} = (k - 2c) \operatorname{tang} \psi - 2\omega \sin \Theta$$

Par intégration on trouve en posant la constante arbitraire égale à zéro

$$\operatorname{tang} \psi = \frac{2\omega \sin \Theta}{k - 2c} \tag{5}$$

L'angle de déviation est donc constant et la trajectoire est une spirale logarithmique, mais l'angle de déviation a une valeur différente de la valeur normale. Nous désignons cette valeur par β, et en introduisant la valeur de α on aura

$$\operatorname{tang} \beta = \frac{\operatorname{tang} \alpha}{1 - \dfrac{2c}{k}} \tag{6}$$

Les équations (1) et (2) s'écrivent

$$v = \frac{c}{\cos \beta} \, r \tag{7}$$

$$\frac{\mu}{\rho} \, G = \frac{(k - c)\,c}{\cos^2 \beta} \cdot r \tag{8}$$

En attribuant à ρ une valeur moyenne, on peut écrire

$$G = G_1 \, r \tag{9}$$

où G_1 désigne une grandeur constante pour r exprimé en degrés du méridien. Alors on a

$$b - b_0 = \tfrac{1}{2} \, G_1 \, r^2 \tag{10}$$

où b_0 est la pression en millimètres dans le centre. La courbe des pressions devient ainsi une parabole.

Les formules précédentes s'appliquent aux tourbillons autour d'un minimum barométrique et en faisant c négatif et en substituant $180 + \beta$ à β on aura les formules suivantes qui s'appliquent à un tourbillon autour d'un maximum barométrique.:

$$\operatorname{tang} \beta = \frac{\operatorname{tang} \alpha}{1 + \frac{2c}{k}} \tag{11}$$

$$\frac{\mu}{\rho} G = \frac{(k + c) c}{\cos^2 \beta} \cdot r \tag{12}$$

Applications.

1^0 *Tourbillon à grande vitesse autour d'un minimum barométrique* (voir Pl. II).

Nous regardons la partie centrale du tourbillon No. 1 dans le § 12.

Soit $\beta = 89^0 45'$, $\frac{\mu}{\rho} = 0.00103$ ($\tau = 20^0$, $b = 735^{mm}$),

on trouvera $v = 252\,r$, $G = 566.5\,r$, $b - b_0 = 283\,r^2$.

Nous appliquons ces formules à la partie centrale située entre le centre et $r = 0^0.14$ (la partie d'ascension). En construisant les courbes de v et de G, on trouvera par interpolation graphique les valeurs pour l'espace entre $r = 0^0.14$ et $r = 0^0.3$ (la partie de transition). Les résultats sont inscrits dans le tableau suivant.

$r = 0^0$	$0^0.1$	$0^0.2$	$0.^03$
$v = 0^m$	25.2^m	50.4^m	50.0^m
$G = 0^{mm}$	56.6^{mm}	113.3^{mm}	77.3^{mm}
$b - b_0 = 0^{mm}$	2.8^{mm}	10.0^{mm}	18.6^{mm}

2^0 *Tourbillon à vitesse moyenne autour d'un minimum barométrique* (voir Pl. III).

Nous regardons la partie centrale du tourbillon No. 2 dans le § 12.

Soit $\beta = 55^0$, $\frac{\mu}{\rho} = 0.0009596$ ($\tau = 0$, $b = 735^{mm}$), on trouvera

$v = 3.082\,r$, $G = 0.583\,r$, $b - b_0 = 0.2915\,r^2$.

En appliquant ces formules à la partie centrale (d'ascension) située entre le centre et $r = 5^0$, on trouve par interpolation graphique les valeurs de la partie située entre $r = 5^0$ et $r = 7^0$.

$r = 0^0$	1^0	2^0	3^0	4^0	5^0	6^0	7^0
$v = 0^m$	3.1^m	6.2^m	9.2^m	12.3^m	15.4^m	16^m	15^m
$G = 0^{mm}$	0.58^{mm}	1.17^{mm}	1.75^{mm}	2.33^{mm}	2.91^{mm}	3.20^{mm}	3.08^{mm}
$b - b_0 = 0^{mm}$	0.29^{mm}	1.17^{mm}	2.62^{mm}	4.66^{mm}	7.28^{mm}	10.38^{mm}	13.58^{mm}
$\varphi =$	132^0	75^0	42^0	18^0	0^0		

3^0 *Tourbillon autour d'un maximum barométrique* (voir Pl. IV).

Nous regardons la partie centrale du tourbillon du § 13.

Soit $\beta = 35^0$, $\frac{\mu}{\rho} = 0.0009281$, on trouvera

$v = 1.823\,r$, $G = 0.32\,r$, $b_0 - b = 0.16\,r^2$.

En appliquant ces formules à la partie centrale (de descente) située entre le centre et $r = 1^{\circ}.5$, on trouve par interpolation graphique les valeurs suivantes:

$r =$	0°	1°	2°	3°	4°	5°
$v =$	0^m	1.8^m	3.6^m	4.6^m	4.7^m	4.0^m
$G =$	0^{mm}	0.32^{mm}	0.62^{mm}	0.68^{mm}	0.69^{mm}	0.65^{mm}
$b_0 - b =$	0^{mm}	0.16^{mm}	0.62^{mm}	1.25^{mm}	1.93^{mm}	2.60^{mm}

On voit par les formules et les exemples cités que tout le système d'un tourbillon est déterminé, pour une certaine latitude et pour un certain coefficient de frottement, par la vitesse maximum et la distance du point où se trouve cette vitesse du centre du mouvement.

Chapitre troisième.

Des courants d'air permanents et verticaux.

§ 15. Mouvement rectiligne.

Nous regardons une particule d'air qui se meut suivant l'axe vertical de z que nous supposons positif en haut. Nous allons négliger l'action de la rotation de la terre et la résistance entre les molécules de l'air. Alors nous aurons trois forces, savoir: la force produite par la variation de la pression $\frac{1}{\rho}\frac{dp}{dz}$, la force de la pesanteur g et la force tangentielle $w\frac{dw}{dz}$, en désignant par w la vitesse verticale.

L'équilibre entre ces trois forces est donné par

$$\frac{1}{\rho}\frac{dp}{dz} = -g - w\frac{dw}{dz}. \tag{1}$$

L'équation de continuité s'ecrit, en désignant par ρ_0 et w_0 les valeurs de ρ et de w dans un point quelconque

$$\rho w = \rho_0 w_0 \tag{2}$$

Cette équation exige que la section du courant soit constante. Les équations ont lieu pour un mouvement ascendant, et en écrivant $-w$ au lieu de w elles s'appliquent au mouvement descendant. Pour intégrer l'équation (1) il faut connaître la densité comme une fonction de la pression. Nous allons supposer la relation donnée par l'équation (18) du § 5, et alors on aura d'après l'équation (20)

$$\frac{w^2 - w_0^2}{2g} = - z + \frac{m a T_0}{g}\left[1 - \left(\frac{p}{p_0}\right)^{\frac{1}{m}}\right] \tag{3}$$

$$\frac{w}{w_0} = \left(\frac{p_0}{p}\right)^{\frac{m-1}{m}} \tag{4}$$

Ici on a supposé $p = p_0$ et $w = w_0$ pour $z = 0$.

En différentiant l'équation (18) du § 5 on a

$$\frac{d\rho}{\rho} = \frac{m-1}{m} \cdot \frac{dp}{p},$$

Différentions l'équation (2) et éliminons $d\rho$ et dp à l'aide de l'équation (1), nous trouverons

$$\frac{dw}{dz} = \frac{gw}{\dfrac{m}{m-1} \cdot \dfrac{p}{\rho} - w^2} \tag{5}$$

On conclut de la dernière équation que la vitesse w ne peut jamais dépasser une certaine limite w_m déterminée par l'équation

$$w_m = \sqrt{\frac{m}{m-1}\frac{p}{\rho}} \tag{6}$$

En introduisant la valeur de $\frac{p}{\rho}$ exprimée par w et w_0 et en remarquant que $\frac{p_0}{\rho_0}$ est égale à $a T_0$ on trouve

$$\frac{w_m}{w_0} = \left[\frac{m}{m-1} \cdot \frac{a T_0}{w_0^2}\right]^{\frac{m-1}{2m-1}} \tag{7}$$

Si l'on introduit cette valeur dans les équations (4) et (3), on déterminera la valeur maximum de la hauteur z qu'un courant vertical ne peut dépasser, pour une valeur donnée de la vitesse initiale w_0. On voit par l'équation (4) que la vitesse augmente pendant que la pression décroît, et l'équation (3) montre que la pression p diminue pour les valeurs croissantes de w. Dans un courant vertical ascendant la pression est donc moindre à la même hauteur que dans l'atmosphère environnante.

Si l'on veut appliquer l'équation (3) à un courant vertical dont la section F varie, il faut employer l'équation de continuité suivante

$$\frac{w}{w_0} = \frac{F_0}{F}\left(\frac{p_0}{p}\right)^{\frac{m-1}{m}} \tag{4bis}$$

Cependant cette formule n'a lieu que dans les cas où la section du courant varie très-lentement. Elle montre que la vitesse diminue, quand la section augmente, ce qui a lieu au commencement et à la fin des courants.

Applications.

1° *Calcul de la hauteur.*

Soit $m = 5$, $T_0 = 293°$, on trouvera

$\dfrac{p}{p_0}$	$w = 0$	$w = 1^m$	$w = 10^m$	$w = 20^m$	$w = 30^m$	$w = 50^m$
0.80	1874^m	1874^m	1872^m	1865^m	1854^m	1819^m
0.60	4169	4169	4163	4143	4111	4008
0.40	7180	7180	7163	7112	7027	6755
0.20	11800	11799	11798	11553	11244	10230
0.10	15820	15818	15622	15028	14037	
0.05	19440	19434	18807	16908		
0.01	25810	25729				

2° *Hauteur maximum pour une vitesse initiale donnée.*

w_0	w_m	z_m	$\dfrac{p}{p_0}$	T_m	$\dfrac{\rho_0}{\mu} w_0 \left(\dfrac{dw}{dz}\right)_0$
1^m	170.5^m	29530^m	0.001623	81.0	0.10^{mm}
10	220.3	20620	0.02095	135.2	10.06
20	238.0	16920	0.04525	157.8	40.35
30	248.9	14530	0.07103	172.6	91.24
50	263.4	11180	0.1253	193.4	257.4
100	284.5	6247	0.2707	225.6	1111.
200	307.3	1588	0 5845	263.2	6488.

Les valeurs de T_m représentent la température virtuelle à la hauteur z_m. Dans la dernière colonne nous avons inscrit des nombres qui représentent la force tangentielle à la surface de la terre exprimée en millimètres par un degré du méridien: on peut comparer cette force aux gradients des mouvements horizontaux pour avoir une idée nette de la force qui agit dans les mouvements verticaux ascendants.

§ 16. Conditions de l'existence des courants d'air ascendants et descendants.

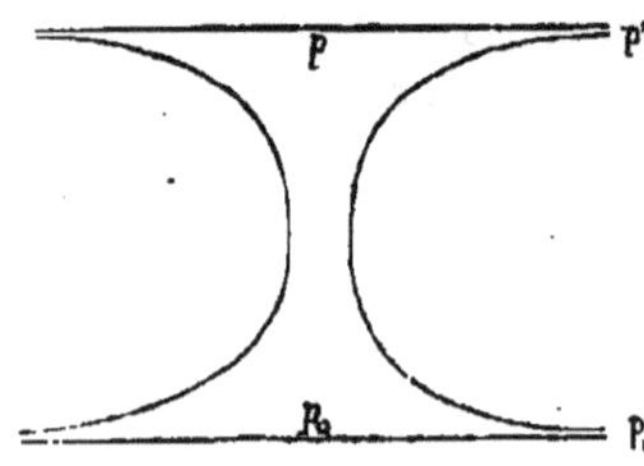

Si les courants verticaux conservent un mouvement permanent, les pressions dans les courants et dans l'atmosphère environnante doivent satisfaire à certaines conditions que nous allons considérer. Dans les courants ascendants l'air entre suivant la surface de la terre et par conséquent la pression p'_0 de l'atmosphère doit être plus grande que la pression p_0 de la partie la plus basse du courant; cela exige un minimum barométrique à la surface de la terre. Dans les couches plus élevées où l'air sort du courant, la pression p dans le

5

courant doit rester plus grande que la pression p' de l'atmosphère et par conséquent on trouvera à une certaine hauteur un maximum barométrique. Les phénomènes sont inverses dans les courants descendants: l'air entre dans le courant dans les couches élevées et $p' > p$, et un minimum barométrique a lieu à une certaine hauteur. A la surface de la terre l'air sort du courant et on a un maximum barométrique et $p_0 > p_0'$.

Nous allons faire la remarque que les grandes vitesses modifient peut-être les phénomènes et que l'air peut sortir d'un courant même à un minimum barométrique [1]), mais il est vraisemblable qu'on trouvera toujours dans la nature des maxima barométriques dans de pareils cas, parce que les vitesses sont faibles aux limites des courants.

Pour étudier les conditions qui auront lieu en dedans et en dehors du courant entre les pressions p_0 et p_0' à la surface de la terre et entre les pressions p et p' en dedans et en dehors du courant à une certaine hauteur, où la vitesse verticale du courant est égale à zéro, nous supposons que les températures virtuelles T dans le courant et T' dans l'atmosphère environnante décroissent proportionnellement à la hauteur. Soit m le coefficient qui appartient au courant et m' celui de l'atmosphère, on a d'après le § 4

$$\frac{p}{p_0} = \left(\frac{T}{T_0}\right)^m = \left(1 - \frac{gz}{amT_0}\right)^m \tag{1}$$

$$\frac{p'}{p_0'} = \left(\frac{T'}{T_0'}\right)^{m'} = \left(1 - \frac{gz}{am'T_0'}\right)^{m'} \tag{2}$$

Posons

$$\frac{\left(1 - \dfrac{gz}{amT_0}\right)^m}{\left(1 - \dfrac{gz}{am'T_0'}\right)^{m'}} = f(z) \tag{3}$$

nous aurons

$$\frac{p}{p'} = \frac{p_0}{p_0'}\, f(z). \tag{4}$$

Si le mouvement est ascendant, il faut avoir simultanément

$$\frac{p_0}{p_0'} < 1, \ \frac{p}{p'} > 1.$$

Si le mouvement est descendant, il faut avoir simultanément

$$\frac{p_0}{p_0'} > 1, \ \frac{p}{p'} < 1.$$

En différentiant $f(z)$ on trouvera

$$f'(z) = \frac{g}{a} f(z). \frac{T_0 - T_0' - \dfrac{g}{a}\dfrac{m'-m}{m'm}z}{T_0 T_0'\left(1 - \dfrac{gz}{amT_0}\right)\left(1 - \dfrac{gz}{am'T_0'}\right)} \tag{5}$$

---

[1]) En substituant $180^\circ + \alpha$ à α dans les équations du § 12, on aura les formules qui appartiennent aux courants sortant du centre. Cette hypothèse exige que $v > \dfrac{kr}{\cos\alpha}$

Nous allons distinguer deux cas:

1° $T_0 > T_0'$. La température virtuelle du courant à la surface de la terre est plus grande que celle de l'atmosphère environnante.

Si $m > m'$ ou $m = m'$, $f(z)$ croit constamment avec z et par conséquent on arrivera toujours à une hauteur où $\frac{p}{p'} > 1$, et un courant ascendant peut avoir lieu. La hauteur du courant est limitée selon l'équation (6) du § 15.

Si $m < m'$, $f(z)$ croit d'abord et atteint un maximum à une hauteur h donnée par

$$h = \frac{a}{g}\, m\, m'\, \frac{T_0 - T_0'}{m' - m} \tag{6}$$

Pourvu que $f(h) > \frac{p_0'}{p_0}$, le rapport $\frac{p}{p'} > 1$ et un courant ascendant peut avoir lieu. Quand la hauteur dépasse la valeur h, $f(z)$ décroit et en même temps le rapport $\frac{p}{p'}$ diminue, ce qui limite la hauteur du courant.

2° $T_0' > T_0$. La température virtuelle du courant est plus basse que la température de l'atmosphère environnante.

Si $m' > m$ ou $m' = m$, $f(z)$ décroit constamment avec z, et on arrivera toujours a une hauteur z où $\frac{p}{p'} < 1$; par conséquent un courant *descendant* peut avoir lieu. La hauteur est limitée selon l'équation (6) du § 15.

Si $m' < m$, $f(z)$ décroit d'abord et atteint un minimum à une hauteur h donnée par l'équation (6). Pourvu que $f(h) < \frac{p_0'}{p_0}$, le rapport $\frac{p}{p'} < 1$ et un courant descendant peut avoir lieu. Quand z dépasse la valeur h, $f(z)$ croit et en même temps le rapport $\frac{p}{p'}$ augmente, ce qui limite la hauteur du courant.

Nous concluons donc que les courants ascendants possèdent une température virtuelle plus haute que l'atmosphère calme et que les courants descendants possèdent une température virtuelle plus basse que l'atmosphère calme.

Nous avons supposé que la température décroit proportionnellement à la hauteur. On voit qu'on peut étudier les conditions des mouvements ascendants et descendants d'une manière analogue quand la température suit une autre loi. Dans la nature la loi est généralement compliquée, mais on peut diviser l'atmosphère en couches et introduire un coefficient m qui varie avec la hauteur de la couche.

Enfin nous regardons le cas spécial où

$$T_0 = T_0'$$

Ce cas comprend l'équilibre stable et instable de l'atmosphère. On voit facilement que $m > m'$ permet un courant ascendant et $m < m'$ permet un courant descendant. Ces conditions sont les mêmes que celles que nous avons trouvées dans le § 6.

§ 17. Vitesse horizontale produite par un courant vertical.

Dans la nature les courants ascendants produisent des vitesses horizontales suivant la surface de la terre, qui peuvent atteindre des valeurs très considérables et dangereuses pour les objets se trouvant sur leur passage. Quant aux courants descendants on trouve presque toujours dans la nature que les vitesses horizontales suivant la surface de la terre sont faibles, mais il est probable que les vitesses horizontales à une certaine hauteur, où l'air entre dans le courant descendant, ont des valeurs considérables.

Considérons un courant ascendant et soit v_0 la vitesse horizontale maximum, p_0 la pression minimum dans le courant à la surface de la terre, soit p_0' la pression dans l'atmosphère calme à un point assez éloigné pour qu'on puisse négliger la vitesse, on a approximativement l'équation de la force vive, la densité de l'air posée constante:

$$\tfrac{1}{2}\, v_0^2 = \frac{p_0' - p_0}{\rho} - F \tag{1}$$

où F désigne le travail du frottement suivant la surface de la terre. On trouvera

$$p_0' - p_0 = \rho\,(\tfrac{1}{2}\, v_0^2 + F.) \tag{2}$$

Le travail du frottement dépend du chemin parcouru des particules d'air et de la variation de la vitesse. Il y a des tourbillons où le travail F est très-petit et d'autres où il est très-grand. C'est surtout la dimension du tourbillon qui détermine le travail du frottement. En tout cas on voit que la vitesse horizontale dépend principalement de la dépression barométrique $p_0' - p_0$, qu'on peut regarder comme la mesure de la force du courant. D'après l'équation (4) du § 16 on a

$$\frac{p_0}{p_0'} = \frac{p}{p'} \cdot \frac{1}{f(z)}$$

et par conséquent

$$p_0' - p_0 = p_0' \left(1 - \frac{p}{p'} \cdot \frac{1}{f(z)} \right) \tag{3}$$

La dépression ne peut pas dépasser la valeur donnée par cette équation en substituant $p = p'$.

Posons la pression dans l'atmosphère calme égale à 760^{mm}, et désignons par D la valeur maximum de la dépression exprimée en millimètres, on a

$$D = 760 \left(1 - \frac{1}{f(z)} \right) \tag{4}$$

Pour les courants descendants on trouve de la même manière

$$D = 760 \left(\frac{1}{f(z)} - 1 \right) \tag{5}$$

Ici D désigne l'excès de la pression dans le centre du tourbillon sur la pression de l'atmosphère calme.

A l'aide de ces formules et les équations (3) et (6) du § 16 nous avons calculé les tableaux suivants.

Tab. I.
Courants ascendants.

$$m > \text{ou} = m'$$

T_0	T_0'	m	m'	z	$f(z)$	D
293^0	283^0	6	5	5000^m	1.0304	22.4^{mm}
293	283	5	5	5000	1.0237	17.6
293	283	10	10	5000	1.0221	16.5
293	273	5	5	5000	1.0498	36.0
293	283	6	5	10000	1.0889	62.0
293	283	5	5	10000	1.0316	23.3
293	273	5	5	10000	1.1193	81.0

$$m < m'$$

T_0	T_0'	m	m'	h	$f(h)$	D
293^0	283^0	6	10	4390^m	1.0095^m	7.2^{mm}
293	283	6	8	7024	1.0159	11.9
293	283	5	6	8780	1.0210	15.6
293	283	6	7	12293	1.0304	22.4
293	273	6	10	8780	1.0423	30.8
293	273	6	8	14049	1.0748	52.9
293	273	5	6	17561	1.1081	74.2

Tab. II.
Courants descendants.

$$m < \text{ou} = m'$$

T	T_0'	m	m'	z	$f(z)$	D
263^0	273	4	6	2000^m	0.9872^m	9.9^{mm}
263	273	4	4	2000	0.9899	7.8
263	273	6	6	2000	0.9901	7.6
263	273	10	10	2000	0.9903	7.5
253	273	10	10	2000	0.9799	15.6
263	273	4	6	5000	0.9525	37.9
263	273	4	4	5000	0.9721	21.8
263	273	6	6	5000	0.9731	21.0
263	273	10	10	5000	0.9749	19.6
253	273	10	10	5000	0.9485	41.3

$$m > m'$$

T_0	T_0'	m	m'	h	$f(h)$	D
263	273	10	6	4390^m	0.9904^m	7.8^{mm}
263	273	6	5	8780	0.9760	18.7
263	273	10	8	11707	0.9691	24.8
253	273	10	6	8780	0.9528	37.7

Dans des tourbillons à petites dimensions on peut négliger l'action de la rotation de la terre. En supposant la hauteur l du courant horizontal très-petite il faut attribuer au coefficient du frottement une grande valeur et par conséquent l'air entre dans le courant presque radialement. Dans ce cas l'équation de continuité donne, en désignant par r le rayon du tourbillon,

$$2\pi r l v_0 = \pi r^2 w_0$$

et on aura $r = 2l$, en supposant $v_0 = w_0$.

Dans ce cas le rayon du tourbillon sera également petit, ce qui est constaté par les observations sur les tourbillons de fumée, les tourbillons de poussière dans les chemins et les tourbillons de sable dans les déserts. Pour calculer la vitesse horizontale nous négligeons le travail du frottement, parce que le chemin parcouru est très-court, alors on trouvera

$$v_0 = \sqrt{\frac{p_0' - p_0}{\rho}}$$

Si l'on suppose la hauteur z moindre que 1000^m, on peut développer $f(z)$ déterminé par l'equation (3) du § 16 en série, et en introduisant cette valeur de $f(z)$ dans l'équation (4) et en posant $p = p'$ on aura

$$v_0 = \sqrt{2gz \cdot \frac{T_0 - T_0'}{T_0'}}$$

On voit donc que pour les petites hauteurs les coefficients m et m' ne paraissent pas dans la formule, c'est-à-dire la chaleur latente des vapeurs d'eau ne jouent aucun rôle dans ce cas. La formule est identique à celle de la vitesse de l'air dans une cheminée quand on néglige le frottement.

Supposons l'air sec, la température virtuelle est égale à la température absolue, savoir $T_0 = 273 + \tau_0$ et $T_0' = 273 + \tau_0'$. Pour ce cas nous avons calculé le tableau suivant en posant $\tau_0' = 20^0$.

Tableau III.

Vitesse horizontale dans les petits tourbillons.

$z =$ la hauteur du courant vertical.

τ_0	$z = 10^m$	$z = 50^m$	$z = 100^m$	$z = 200^m$
25^0	1.6^m	4.1^m	5.2^m	8.2^m
30	2.6	5.8	8.2	11.6
40	3.7	8.2	11.6	16.4
50	4.5	10.0	14.2	20.0
100	7.3	16.4	23.1	32.7
200	11.0	24.6	34.5	49.1

Quand les tourbillons ont de grandes dimensions, on ne peut pas négliger le travail du frottement. En supposant que les trajectoires des particules d'air soient des spirales logarithmiques, on peut calculer la dépression barométrique comme nous l'avons fait dans les paragraphes 12 et 14 (voir Planches II et III). Le tourbillon à grande vitesse montre une dépression barométrique égale à 32.9^{mm} pour un rayon égal à 2 degrés, et avec une vitesse maximum égale à 50^m. Le tourbillon à vitesse moyenne montre une dépression barométrique égale à 34.9^{mm} pour un rayon égal à 20 degrés et avec une vitesse maximum égale à 16^m. Dans le dernier cas le travail du frottement est beaucoup plus grand que dans le premier, parce que le chemin parcouru est dix fois plus long.

En regardant le tableau I on verra que les dépressions barométriques peuvent être produites par les différents états de l'atmosphère. Les deux tourbillons, où les dépressions barométriques ne diffèrent pas sensiblement, se distinguent par leurs vitesses maxima, et il faut chercher l'explication de cette différence dans les grandeurs des rayons des courants verticaux qui produisent les vitesses horizontales. Le tourbillon à grande vitesse appartient à un courant vertical dont le rayon est probablement de quelques dixièmes de degré, mais dont la vitesse verticale initiale est très-grande. L'autre tourbillon à vitesse moyenne appartient à un courant vertical dont le rayon comprend plusieurs degrés et dont la vitesse verticale initiale n'est pas considérable.

La grandeur du rayon du courant vertical, qu'on peut poser proportionnel à la distance du centre au point où la vitesse atteint sa valeur maximum, joue un rôle important dans la théorie des tourbillons. En comparant deux tourbillons avec la même dépression barométrique, celui qui a le rayon le plus petit a la plus grande vitesse et est par conséquent le plus violent. En comparant deux tourbillons avec la même vitesse maximum, celui qui a le plus petit rayon a le plus grand gradient et la plus petite dépression.

La cause physique qui détermine la grandeur du rayon dépend de l'état différent de l'air ascendant et de l'atmosphère environnante. Mais pour étudier les mouvements des tourbillons en général il faut avoir égard aux vitesses suivant les trois dimensions, ce que nous allons traiter dans la deuxième partie de nos études.

Fin de la première partie.

Le gradient est dirigé vers N 20°W.

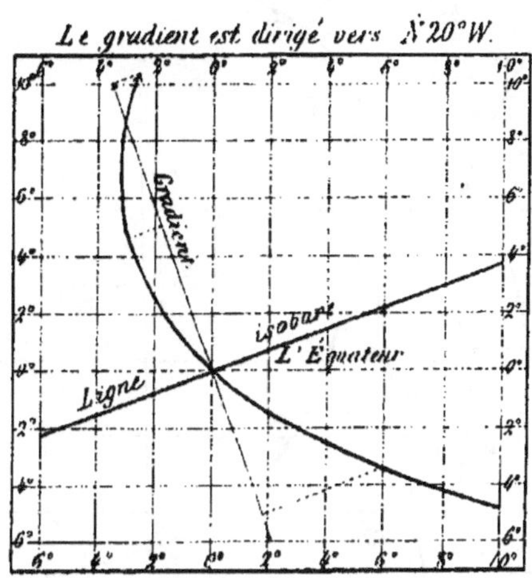

Le gradient est dirigé vers le Sud.

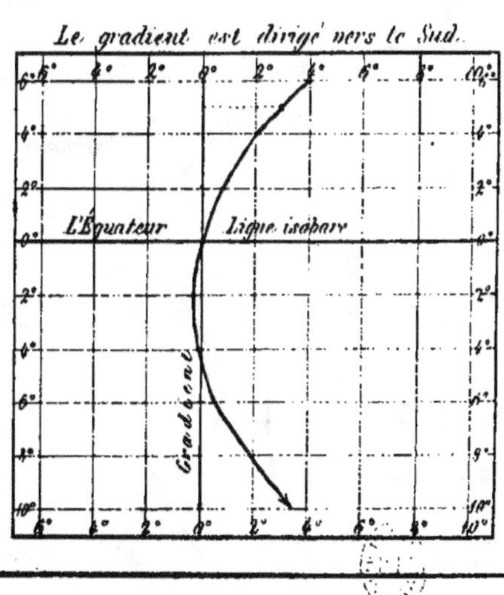

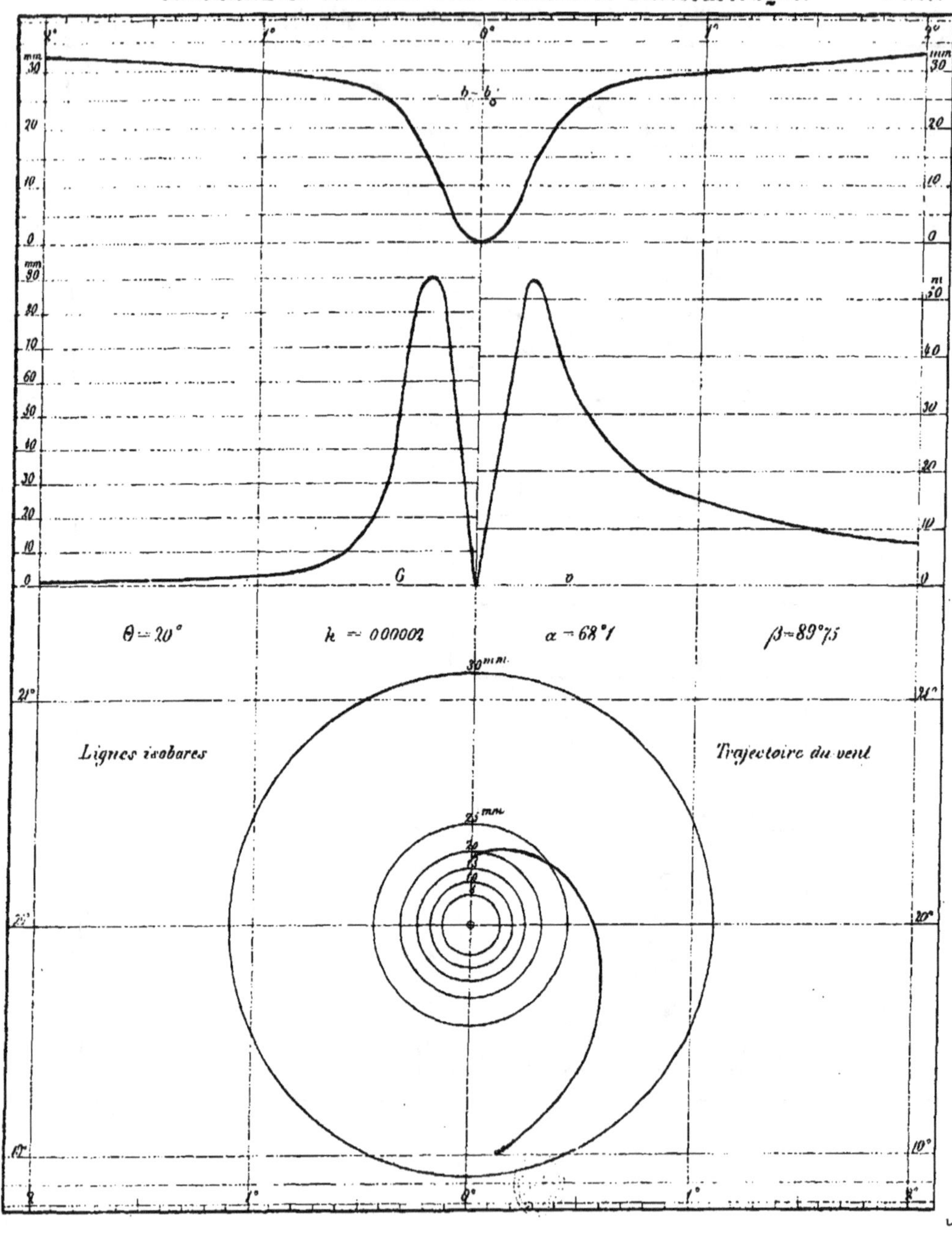
b - b₀
G
v
θ = 20°
k = 0.00002
α = 68°1
β = 89°75
30mm
25mm
Lignes isobares
Trajectoire du vent

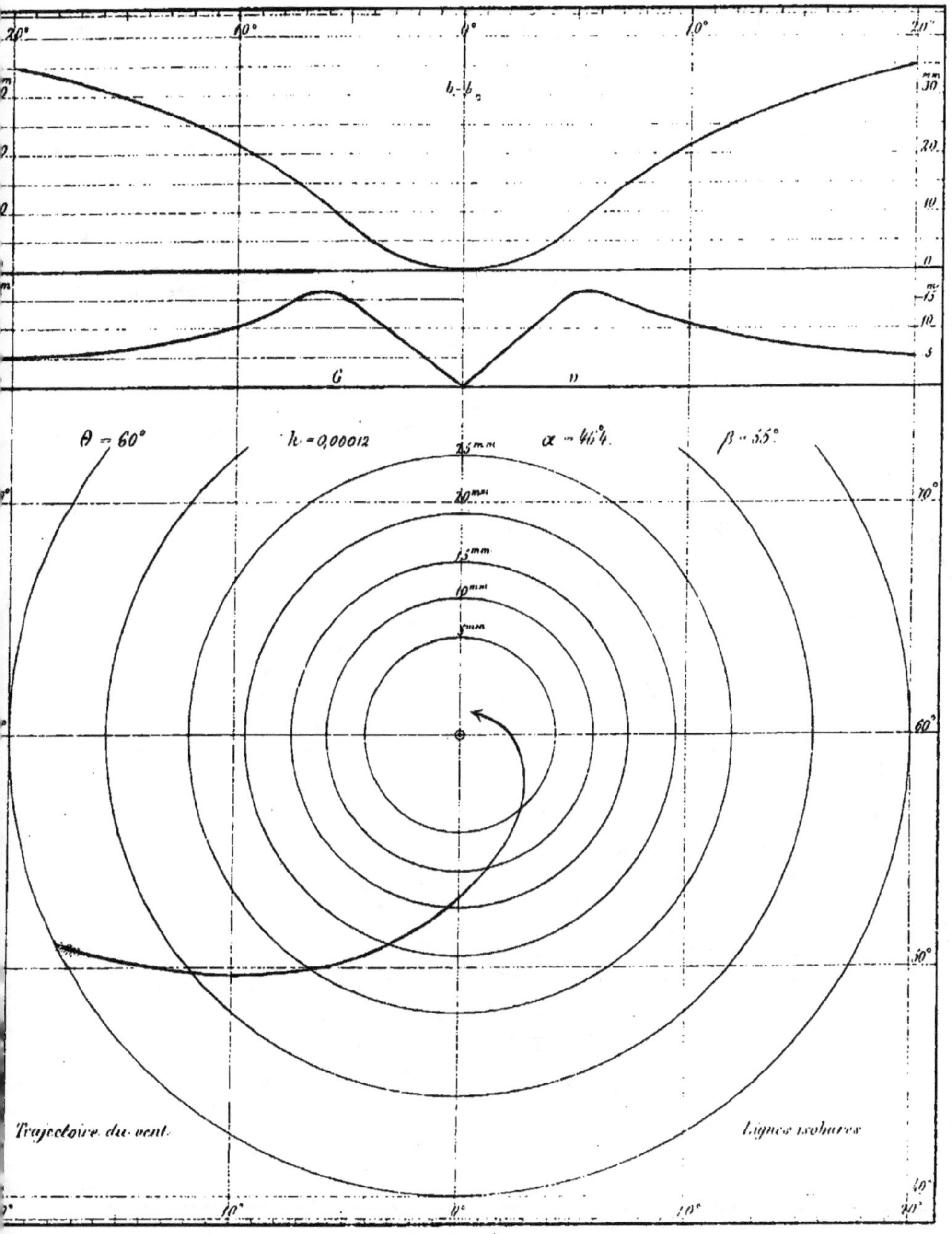

θ = 60°
h = 0,00012
α = 46°,4.
β = 55°.
Trajectoire du vent.
Lignes isobares.

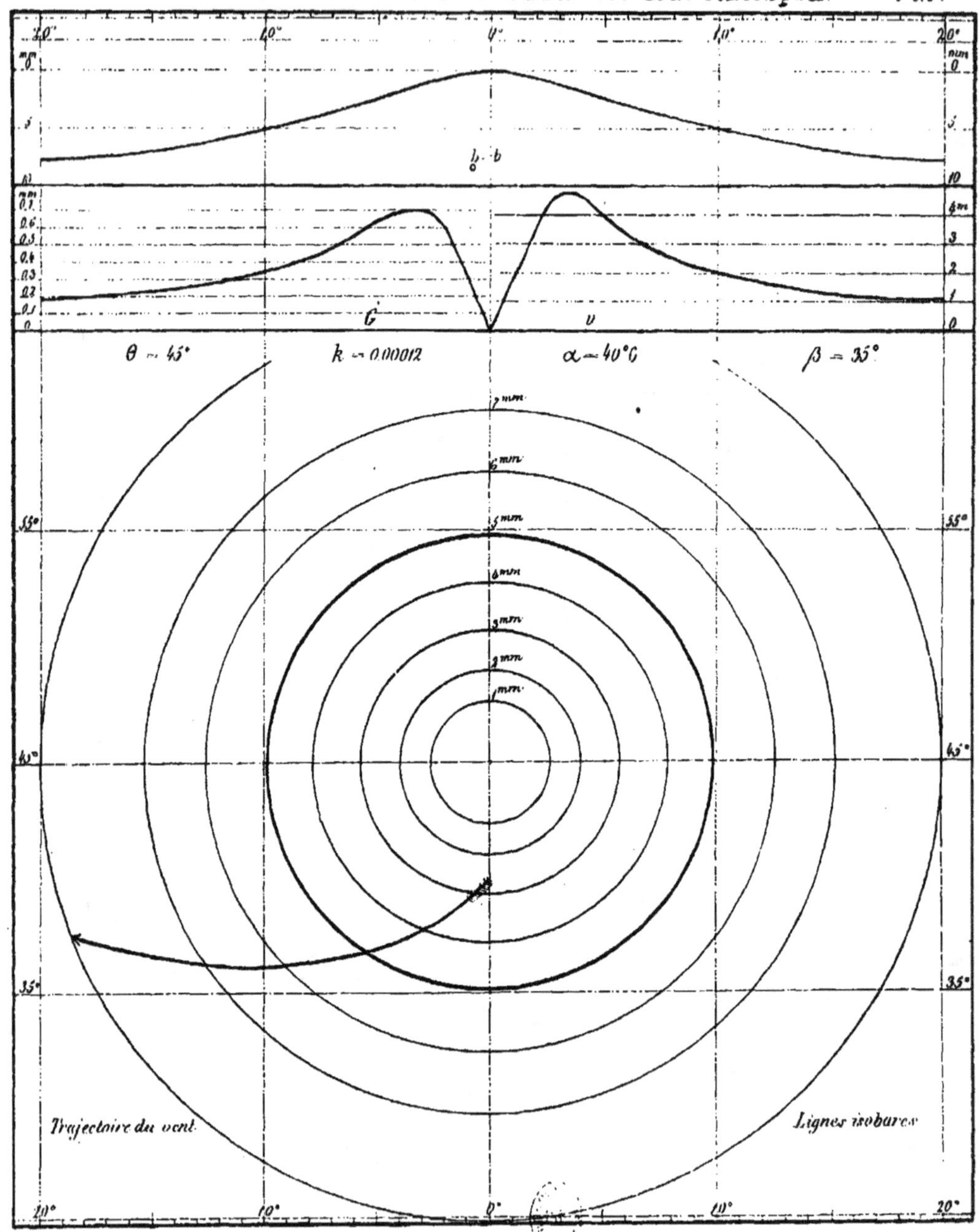
b. b
G
v
θ = 45°   k = 0.00012   α = 40°C   β = 35°
9 mm
8 mm
7 mm
6 mm
5 mm
4 mm
3 mm
2 mm
1 mm
Trajectoire du vent
Lignes isobares

Journaux scientifiques.

I. Nouveau Magazin pour les sciences naturelles (fondé en 1835).
Nyt Magazin for Naturvidenskaberne (Christiania).
Rédigé par MM. Danielsen, Hiortdahl, Kjerulf et Mohn.
Cet ancien journal de la ci-devant Société physiographique, actuellement dissoute, se continue aux frais du Gouvernement et a été distribué par les soins de l'Université.
II. Archives pour les sciences mathématiques et naturelles.
Archiv for Mathematik og Naturvidenskab.
Rédigés par MM. S. Lie, J. W. Müller et G. O. Sars.
III. Annales de l'Université et des lycées de Norvège (fondés en 1834).
Norske Universitets- og Skole-Annaler (Christiania).
Rédigés par le secrétaire de l'Université.
IV. Magazin médical de Norvège (fondé en 1840).
Norsk Magazin for Lægevidenskaben. (Christiania).
Rédigé par le Dr. E. Bull.
V. Journal théologique de l'église évangélique-luthérienne de Norvège (fondé en 1834).
Theologisk Tidsskrift for den Norske Kirke (Christiania).
Rédigé par les professeurs Dr. Caspari et Johnson.
VI. Revue militaire norvègienne (fondée en 1831).
Norskt militairt Tidsskrift (Christiania). Rédigée par la Société militaire de Christiania.
VII. Revue polytechnique (fondée en 1854).
Polytechnisk Tidsskrift (Christiania). Rédigée par le Prof. C. M. Guldberg.
VIII. Mémoires de la Société Royale des sciences de Norvège à Trondhjem (commencées en 1761).
Det Kongl. Norske Videnskabers Selskabs Skrifter (Trondhjem).
Ces mémoires paraissent à des intervalles plus ou moins éloignés.
IX. Comptes-rendus de la Société des sciences de Christiania (commencés en 1858).
Forhandlinger i Videnskabsselskabet i Christiania.
La Société publie, chaque année, un volume de ces comptes-rendus, distribué par l'Univ.
X. Gazette de jurisprudence (fondée en 1836).
Norsk Retstidende.
Rédigé par la Société des avocats à Christiania.
XI. Rapports annuels de la Société pour la conservation des antiquités de la Norvège.
(commencés en 1844).
Aarsberetninger fra Foreningen til Norske Fortidsmindesmærkers Bevaring (Christiania).
Rédigés par le directeur de la Société M. Nicolaysen.
XII. Renseignements non-imprimés sur l'histoire de la Norvège, fournis par les archives du Royaume (commencés en 1865).
Meddelelser fra det Norske Rigsarchiv (Christiania).
Rédigés par le directeur des archives M. Birkeland.
XIII. Revue de l'agriculture pratique et des branches d'industrie qui s'y rattachent (fondée en 1864).
Tidsskrift for Landmænd (Christiania).
Rédigée par le Directeur Dahl; cette revue paraît en cahiers mensuels.

Christiania, au Secrétariat de l'Université Royale de Norvège, le 1 Novembre 1876.

C. HOLST.